FAO中文出版计划项目丛书

提高小规模农业中水分生产率的实地指南

——布基纳法索、摩洛哥和乌干达的案例解析

联合国粮食及农业组织　编著

冯　晨　张　悦　向午燕　等　译

中国农业出版社

联合国粮食及农业组织

2022·北京

引用格式要求：

粮农组织和中国农业出版社。2022年。《提高小规模农业中水分生产率的实地指南——布基纳法索、摩洛哥和乌干达的案例解析》。中国北京。

10-CPP2021

本出版物原版为英文，即 *Field guide to improve crop water productivity in small-scall agriculture—The case of Burkina Faso，Morocco and Uganda*，由联合国粮食及农业组织于2020年出版；此中文翻译由辽宁省农业科学院安排并对翻译的准确性及质量负全部责任。如有出入，应以英文原版为准。

本信息产品中使用的名称和介绍的材料，并不意味着联合国粮食及农业组织（粮农组织）对任何国家、领地、城市、地区或其当局的法律或发展状况，或对其国界或边界的划分表示任何意见。提及具体的公司或厂商产品，无论是否含有专利，并不意味着这些公司或产品得到粮农组织的认可或推荐优于未提及的其他类似公司或产品。

本信息产品中陈述的观点是作者的观点，不一定反映粮农组织的观点或政策。

FAO中文出版计划项目丛书

指 导 委 员 会

FAO中文出版计划项目丛书

译 审 委 员 会

本 书 译 审 名 单

致 谢
ACKNOWLEDGEMENTS

《提高小规模农业中水分生产率的实地指南》由联合国粮农组织的土地与水资源司（CBL）和科尔多瓦大学（UCO）共同协作完成。

本实地指南根据瑞士发展与合作署（SDC）资助、联合国粮农组织实施的"加强非洲和全球农业用水效率和生产力"项目结果编撰。

本实地指南的作者是来自联合国粮农组织的 Maher Salman 和 Eva Pek；来自科尔多瓦大学的 Elias Fereres 和 Margarita García‑Vila。

作者非常感谢联合国粮农组织土地与水资源司司长 Eduardo Mansur 的相关指导，以及 Fethi Lebdi、Stefania Giusti 和 Ángel F. González‑Gómez 所作的贡献。

特别感谢 James Morgan 对本指南的设计。

缩 略 语
ACRONYMS

AIW	灌溉用水	Ic	土壤持水特性
B	生物量	INI	初始生长阶段
B	硼	K	钾
Ca	钙	K_2O	氧化钾
CAN	硝酸铵钙	Kc	作物系数
CCx	最大覆盖度	Kr	经验系数
CWP	作物水分生产率	L	沟长
CWR	作物需水量	LAT	生长后期阶段
D	平均深度	Mg	镁
DAP	磷酸氢二铵	MH	中间高度
DEV	发育期/阶段	MID	生长中期
DI	亏缺灌溉	Mn	锰
DU	分配效率	n	数量
ea	应用效果	N	氮
ERD	有效根深	NaCl	氯化钠
ET	蒸散	P	磷
ETc	作物蒸散量	P_2O_5	五氧化二磷
ETo	参考作物蒸散量	pH	酸碱度
Fa	沟或盆的形状	Q	排放量
FAO	联合国粮农组织	ra	空气动力阻力
Fe	铁	RD	根深
G	土壤热通量	RDI	调亏灌溉
GDP	国内生产总值	RHmean	平均相对湿度
h	水位	Rn	净辐射
Ha	公顷	Rs	太阳/短波辐射
HI	收获指数	rs	表面阻力
HIo	参考收获指数	So	斜率/坡度

S	硫	Ww	湿重
SDI	持久亏缺灌溉	Y	产量
SMD	土壤水分亏缺	Ya	可实现产量
SWC	土壤含水量	Yp	潜在产量
t	时间	Zav	平均渗透深度
TAW	持水量/持水能力	Ziq	低地
Tdew	露点温度	Zn	锌
Tdry	干球温度	Zr	根区存贮
Tmax	最高气温	$\sum Tr$	作物累积蒸腾量
Tmin	最低气温	ρ_a	平均空气密度
Tr	作物蒸腾	c_p	空气比热
Twet	湿球温度	r_s	表面阻力
Wd	干重	r_a	空气阻力
WP	水分生产率	n	粗糙系数
Wspeed	风速	qjn	单位入流量
WUA	用水协会		

前 言
FOREWORD

全球人口数量将在 2050 年达到 91 亿，世界粮食产量因此需要相比 2005 年增加 70% 以满足人口增长需要（FAO，2018）。几乎所有的粮食增产都将发生在发展中国家，农业将在提供就业、提高收入和改善食品安全方面发挥重要作用。有限的水资源是增加粮食供应的主要挑战之一，因此，农业作为淡水开发的最大驱动力，应向具有更高资源利用效率的生产转型（FAO，2003）。

小规模农业在农业驱动发展中的重要性日益凸显。在亚洲和撒哈拉以南的非洲地区，小规模农业的耕种面积占总农田耕种面积的80%。尽管小规模农业在耕种面积上占据主导地位，但人们仍然面临着严重的贫困和饥饿（Lipton，2005）。提高小规模农户的农业生产力是一个日益紧迫的问题，不仅是为了提高家庭收入和粮食供应，也有助于全面促进粮食安全和缓解贫困（FAO 等，2019）。然而，发展小规模农业仍然是一个挑战，需要考虑多个因素，例如小规模生产的高度多样性、分配问题上的社会不协调性、多作物生产系统中不同作物用水需求差异以及所用设备的异质性。

全球有限的淡水资源可能因农业发展而日益紧缺。在发展中国家，农业用水约占总用水量的 80%（AQUASTAT，2019）。提高单位用水量的潜在产出是在保护水资源的同时提高生产效率的适当做法。水分生产率被视为解决水资源和粮食安全问题的有效策略。因此，以可持续的方式提高农业用水的生产效率对于维持社会和经济的持续发展至关重要。当从雨养农业向灌溉农业转型时，有许多途径可以提高水分生产率，例如通过免耕或少耕来保持土壤水分、补充灌溉、维持土壤肥力、减少灌溉、小规模且农户负担得起的存水、运水、用水等管理措施。然而，转向利用先进的灌溉技术，如加压系统，一直是提高效率和生产力的主要途径。在所有提出的技术系统中，灌溉在提高生产力和建立对气候变化的抵御能力方面起着至关重要的作用（Moyo 等，2017）。

　　作物水分生产率已成为应对水资源短缺、改善作物—水分关系的主要途径之一。有关其概念框架和含义的论述已经很充足，但相关步骤方法仍需进一步的阐述。本《实地指南》提出了切实可行的途径，为评估和提高小规模农业作物水分生产率提供了一种综合方法。

目 录
CONTENTS

1 绪 论

　　水分生产率（Water Productivity）会受多种因素影响，因此解决其短板需要仔细审查当地的条件。在任何情况下，关于水分生产率的建议都必须考虑到环境、农艺和社会经济因素，使其对于农户来说切实可行并负担得起。在大多数发展中国家，农户并未充分利用灌溉的所有潜在效益，从而导致大多数作物的水分生产率远远低于其可能达到的水平。因此，有许多方式可以用来提高农场的水分生产率。其中有很多是通过直接改善农场的综合管理（灌溉、施肥、种植密度、作物保护等）来实现。然而，农场以外也有许多因素对水分生产率有很大影响，包括灌溉设计失误、蓄水池存储不足、水资源再利用能力不足以及气候事件等（Bouman，2007）。正是由于这种提高水分生产率的复杂性使我们撰写了这本《实地指南》，希望可以为农户提供相应的方法和程序，使农户在了解水分生产率的同时，也能够在实践过程中形成和更新自己的做法。

　　作物水平上的水分生产率，称为作物水分生产率（Crop Water Productivity），即单位水资源量所获得的产量或产值。通常情况下，农户更关注提高农业效益或改善家庭粮食安全，而较少关注水分生产率（FAO，1998）。尽管如此，《实地指南》中介绍的关于作物水分生产率的措施也有助于提高土地生产率，可通过其对投入管理的影响来增加农业收入。改变水分生产率的方法可以根据改善目的在不同的尺度或层次上进行，如植株、田间、基地和流域水平。同时，也可以通过各种资源来改善，如技术、科技、社会经济等。本《实地指南》侧重于探讨在田间水平上提高作物水分生产率的高效可行的技术措施。

　　本《实地指南》不同于普通的种植户指南，它是基于当地实施的研究工作和实地经验的。该指南借鉴了包括布基纳法索（Burkina Faso）、摩洛哥（Morocco）和乌干达（Uganda）三个国家的实地考察、以计划为驱动的数据收集和生产实践分析。这些生产实践是在联合国粮食及农业组织（FAO，中文简称"联合国粮农组织"，以下统一用中文简称表述）执行的"加强非洲和全球农业用水效率和生产力"项目框架内进行。在每个国家，水分生产率的实验都

1

进行了地面真实数据的收集、分析和模拟，并通过示范进行验证。国家和国际研究机构也参与了这项工作，以便获得适当的数据并证明当地专家提出的建议的合理性。这些建议，即"作物水分生产率措施"，旨在帮助农户改进他们的做法，以期提高水分生产率。虽然本指南提供了提高作物水分生产率和达到最佳灌溉的分步方法，并对每个灌溉方案提供了农业实践措施，但成功与否通常取决于农民是否愿意接受和采纳这些推荐措施。

1.1 小农户农业和小规模灌溉的发展问题

农业在劳动力就业中占很大比重，其效益在低收入国家尤其重要。2017年，该行业雇用了 68% 的总劳动力，占低收入国家 GDP 的 26%（FAO，2018）。然而，尽管小规模农业对农村生计作出了巨大的贡献，但同时也面临着越来越大的挑战（Molden 等，2007；Grassini 等，2011；Ittersum 等，2013）。

资源稀缺 资源稀缺不仅仅指金融背景，也指自然资源的稀缺。特别是土地和水资源变得越发稀少，其可持续管理需要受到高度重视。由于发展中国家的大部分小农户仍然生活在贫困之中，代价高昂的发展战略并不总是适用。尽管生产力增长对于消除贫困和解决粮食不安全问题来说是必需的，但自然资源的限制可能会影响其可行性，因此需要采取其他策略来产生生产力，如：提高土地和水资源的可用性，改进资源的分配和可持续性，使用更优质的作物品种，获取其他农业投入以及改善土地和水资源管理办法等。

基础设施 小规模农业的基础设施往往不发达，或者根本无法提供有效的供水服务。此外，灌溉设备是固定不可移动的，且在水分分配方面缺乏灵活性。然而小规模基地聚集了大量用水户，因此任何基础设施的开发都需要为每个用户考虑以实现协调和平等的利益。这种要满足所有需求的难度往往阻碍了发展计划的实施，使规划进程得不到必要的投入。

经济门槛 即使主粮生产力持续增长，小农户也很难达到最低生活水平的经济门槛。小农户的设施有限，无法跟上所需的生产力增长水平。例如，产量的提高需要机械化、更多临时雇员和稳定的投入市场。另外，主粮作物通常以政府推高的价格出售或在当地市场进行销售，这些市场太脆弱而无法承受增加的数量。此外，小农户的地块往往太小，其生产的粮食产量不足以达到最低贫困门槛，从而削弱了农户对农业和灌溉投资的可行性。

作物生产的异质性 作物生产的异质性在小规模农业中的影响更为显著，因为农户倾向于多样化生产并在管理生产投入方面受到更多限制。相比大规模生产，小规模农业中使用的作物在时间和空间上更具多样化，因此需要更灵活的基础设施和管理来应对多种作物的各种需求。这种限制性条件是制约灌溉发展的主要因素之一。农场和基地内的作物需水量差异很大，因此需要在分配、流速和流量控制方面提供灵活的供水服务。

先决条件　诸如专家意见、信息和数据的获取、技术支持、进入市场的人力和经济资源以及知识共享等前提条件更难建立。农户通常有自己的农业耕作和灌溉实践、土地管理、购买投入和获取信息的方式等。这也导致农户无法从实际经验和理论学习中总结出一种可以广泛使用的良好规范。

小规模灌溉和小农生产的发展至关重要，但也受到许多因素的限制。在制定改进方案时，没有"一刀切"的办法，即每一个实施方案都必须量身定做。为了解决大多数制约因素，需要有复杂的改进方案来应对前文叙述的各种挑战。发展中国家小农计划的另一个问题是数据的稀缺，在缺乏可靠的数据库的情况下，任何改进方案都有可能是不合适的。因此，任何方案的制定都应经过以下几个步骤：启动和绘图工作、数据采集和处理、框架规划、试点/示范阶段的制定、扩展和提升规模。此外，改进方案的设计必须对社会、经济和环境情况进行综合考虑。因此，本指南通过案例研究，对不同条件国家的规划阶段进行了深入探讨。

试点工作涉及三个国家的三个灌溉基地：布基纳法索的 Ben Nafa Kacha、摩洛哥 Al Haouz 的 R3 区和乌干达的 Mubuku。这三个基地呈现了不同类型的明渠灌溉系统，对应了不同的气候、实践以及其他农艺指标。Ben Nafa Kacha 和 Mubuku 采用两种地表灌溉方法：传统系统中的漫灌和沟灌，而 Al Haouz 的 R3 区采用的是滴灌。本《实地指南》通过分析各种方案模式中的主要作物，讨论了提高作物水分生产率的方案，并提出了相应的最佳实践建议。若要扩大该方法的使用规模，则必须考虑到气候、土壤、种植模式、设备可用性、投入能否获取和水资源可用量等条件。

布基纳法索

Ben Nafa Kacha 的灌溉基地位于布基纳法索西北部的 Sourou 山谷。这个小规模的灌溉基地占地 275 公顷，包括 247 名种植户。农业是为该地区农村人口提供工作和收入的唯一部门。在靠近马里边境的地区，农户养家糊口的唯一机会是将农业产量中的一部分用于商业目的，另一部分用于维持生计。由于充沛的水资源为农业发展提供了良好的灌溉条件，该地区成为该国农业生产的战略要地之一。

摩洛哥

位于马拉喀什—萨菲地区（Marrakech‐Safi）的 Al Haouz‐R3 区灌溉基

地在该国的农业生产中具有重要意义。由于人口的迅速增长,农业成为吸纳民工和区域创收的战略部门。然而,即使水资源是该地区社会经济进一步发展的核心,这个半干旱流域却已经被过度开发了。同时,还有许多对水资源有竞争的其他行业,如城市发展、工业活动和旅游业,因此需要根据不同的用水需求频繁地重新分配水资源。此外,由于其持续的结构调整和不断发展,Al Haouz 是该国水力网络方面最复杂的地点之一。

乌干达

卡塞塞镇(Kasese)的穆布库(Mubuku)灌溉基地因其优越的农业气候条件而成为该国高度优先推广的地区。该基地是基于该国政府提出的促进水资源有效利用计划的一部分而建立的。由于该国的水资源潜力在很大程度上仍未得到开发,建立小型灌溉基地是降低粮食安全风险的战略途径之一。与此同时,也为农村人口创造工作场所并减少该国对进口粮食的依赖。该基地包括167 名种植户,540 公顷农田,其中调研的第二阶段包括 56 名种植户,254 公顷农田。

1.2 什么是作物水分生产率?

一般来说,作物水平上的水分生产率,称为作物水分生产率(Crop Water Productivity),是指单位水量所获得的农业产量。在不同的农业系统中进行的众多作物水分生产率分析表明,有很多水分以外的因素对作物水分生产率有着重大影响。从作物水分生产率(产量/耗水量)的分子来看,产量是基因型、环境和管理的共同结果。因此,这些因素的所有组成部分都会间接影响作物水分生产率。栽培品种的选择、耕种季节以及许多农艺管理因素都会影响产量,若要实现高作物水分生产率,必须将这些因素都考虑在内。从分母来看,种植环境(影响蒸发需求量)是决定作物用水量的关键因素,也是影响作物水分生产率的分母,是耗水量的重要影响因素,而种植环境对用水量的影响可以通过适当改变播期以及品种熟性来进行管理。此外,输水和灌溉系统性能的变化也有助于提高作物水分生产率;同时,某些农艺措施,如充足的矿质肥料、适宜的种植密度和播期以及植保措施在优化作物水分生产率方面也至关重要。因此,除了灌溉水管理外,有必要探索适当的工程和农艺措施,以便在各种情况下都能达到最佳作物水分生产率。

以下为作物水分生产率相关措施的重点领域:
- 农场实践相关的数据收集以及评估的计划制定。
- 根据分析估算每种主要作物的需水量。

- 农场层面的灌溉用水监测和量化。
- 以提高作物水分生产率为目的创造最佳的生产实践方案。

1.3　为什么要以作物水分生产率为中心目标?

尽管人们普遍认为水资源短缺是发展作物水分生产率概念的主要驱动力，但即使在不缺水的地区也建议应用这一概念。以提高作物水分生产率为中心思想的目标可以分为以下几类（FAO，1995）：

- 应对缺水问题。
- 粮食安全和营养饮食。
- 增加农村地区的就业。
- 平衡用户之间水资源使用。
- 环境保护和节约水资源。
- 水质的改善。
- 生产力和盈利能力的提高。

实施提高作物水分生产率措施的规模可以体现在植株、田间、基地以及流域层面（Bastiaanssen、Steduto，2016）：

在植株层面提高作物水分生产率　在植株层面提高作物水分生产率主要涉及育种技术，包括幼苗活力、增加根系深度、收获指数以及光合作用效率。使植株具有适当的生长周期，同时使预期供水与植株需水相匹配，是在植株水平上提高水分生产率的最重要途径之一。育种技术也有助于提升植株在田间尺度上建立应对气候变化的适应能力，如通过研发具有更深根系的植株来提高其抗干旱能力。

提高田间尺度的作物水分生产率　提高田间尺度的作物水分生产率需要在改进作物、土壤和水分资源的管理做法的同时注意它们之间的相互联系。提高作物水分生产率的做法有很多，例如对作物和栽培品种的选择以及对种植密度、作物保护、养分管理、耕作、土地恢复、休耕地、灌溉制度、土壤润湿等方面进行管理。此外，还存在一定数量的其他相关的外部因素，都对作物水分生产率和农户的生活有很大影响。当农户引入新的做法时，他们会意识到新做法将对其他相关实践活动造成一定的影响。同样地，改变灌溉方式和采用新的灌溉方法可能会影响径流和蒸发损失。因此，提高田间尺度的作物水分生产率需要一个全面综合的方法。而农户则是田间管理的直接代理人。本《实地指南》主要涉及的是可以在田间尺度实施的措施。

在基地层面提高作物水分生产率　在基地层面提高作物水分生产率需要更关注水资源分配问题。由于小型灌溉基地通常具有多种作物，而且作物的需水量会随时间和地点有所变化。在满足规定的用水需求的同时需要保证水资源在农户之间平均分配，有助于确保供水和需水的匹配。然而，水资源的分配控制（权）在基地的管理部门，因此农户在基地层面为提高作物水分生产率作出贡献的空间有限。

在流域层面提高作物水分生产率　在流域层面提高作物水分生产率需要有新的范围，如环境和水利外交问题。诸如更好的土地利用规划、诠释数据、竞争部门之间的权衡等干预措施可能是大规模提高作物水分生产率的有效工具。然而，在流域层面的改进并不一定会导致产量的提高。决策者通常需要对这类复杂的干预措施负责，因此《实地指南》不涉及流域层面的改善措施。

从水分生产率到作物水分生产率

根据联合国粮农组织的定义，生产力是指单位产出和投入之间的比率（FAO，1998）。

- 产出（分子）是产品的数量或价值。
- 投入（分母）是消耗或使用的水的数量或价值。

水分生产率定义不具有唯一性，但是根据发展目标，已经制定了许多方法并付诸实践。例如，营养水分生产率正在成为粮食安全的一个关键指标，而"滴水就业"的方案展现了农业用水对劳动力就业的贡献。然而，本《实地指南》采用的是最常见的"滴水作物"的方法，指的是单位用水或耗水量（毫米）产生的农作物产量（公斤/公顷）。

提高水分生产率的主要原则如下（FAO，2012）：

- 增加单位蒸腾水量生产的农作物有效经济产量。
- 减少外流和水损失，包括农作物气孔蒸腾以外的水分蒸发。
- 提高雨水、储水和再利用水的有效使用性。

这些原则适用于所有规模，从田间到基地和流域。然而，提高水分生产率的方法因所选规模而异。此指南注重于田间尺度，这将水分生产率的范围限制至作物水分生产率。

作物水分生产率受蒸腾作用的制约。但是，在田间很难将作物蒸腾和土壤蒸发分开；因此，使用蒸散量（ET）来计算耗水量。根据地区的不同，应考虑进行一些修正以获得更为准确的数据。例如，盐碱地的洗盐用水量以及用来保持土壤肥力的覆盖作物的蒸散量，都必须计入生产用水量。我们可以将作物水分生产率定义为产量与耗水量（ET）的比率，或者是产量与用水量的比率。在第二种情况下，作物使用的水包括灌溉用水（AIW）和总降水量。如果重点是灌溉用水的使用，那么在计算作物水分生产率时就没有必要包括降水量。

但无论是在哪种情况下，明确界定作物水分生产率的两个组成部分是至关重要的。在本《实地指南》中，由于无法测量作物实际消耗的水量（ET），所以作物水分生产率被定义为产量与灌溉用水量的比率。

导致作物水分生产率低下的根本原因可能很多，制定改进策略需要对当地条件有深刻细致的了解，包括气候和土壤条件、作物和灌溉管理、投入和种子供应等。因此，不存在对所有农场同样有效的通用解决方案。本《实地指南》将在这一条件背景下通过分析来指导，而不是只提供结果。在保障方法可重复性的同时提供了不同国家的案例，以便能更好地理解其实地实施情况。

准则

鉴于上述情况，在"加强非洲和全球农业用水效率和生产率"项目框架下，为了展示提高作物水分生产率的途径，应采用以下方法来确定和实施最佳农业实践方式。该研究方法按照以下步骤执行：

－对当前的农业生产水平和主要作物在农场尺度上的农业实践方式进行诊断和基准设定。

－利用 AquaCrop 模型（联合国粮农组织的田间校准模型）评估潜在的和可实现的产量。

－确定和描绘提高作物水分生产率的最优农业实践方法。

－实施最佳农业实践方法，以证明其对作物水分生产率的影响。

该系统化的研究方法可在当地研究和科学研究获得的结果之间建立综合联系。

诊断和确定当前作物水分生产率　　诊断当前的农业生产力的水平，确定限制性原因以及确定提高水分生产率的可能途径是建立分析的第一步。水分生产率是农户管理其灌溉系统和日常农艺做法的最终产物。因此，通过以下方式对种植户的详细做法进行调查：ⅰ）种植户的现有条件；ⅱ）种植户可实现的条件；ⅲ）缩小现有条件和理想条件之间的差距。提高作物水分生产率必须对农业生产力水平和灌溉基地中的灌溉做法进行分析，相对于笼统的数据集，观察整个季节的情况更有助于了解导致水分生产率不高的根本问题。

由于农户各有不同的做法，各基地的生产力可能有很大差异。水资源实践管理做法差异的第一个体现是在同一个基地中农户之间有着不同的表现。因此，有必要调查这些差异并建立因果关系。在之前的数据收集的基础上，还应进行农户访谈以获得关于农业生产水平和种植户的差异性独特管理以及限制性因素的详细信息，完成这种详细数据采集用以评估农田尺度的灌溉系统性能。在对所有收集的数据进行分析后，可以建立确定水分生产率基线和当前的灌溉

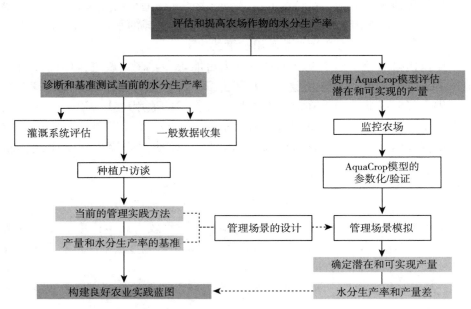

图 1-1　进行作物水分生产率分析的步骤
资料来源：科尔多瓦大学资料。

实践方法；在考虑社会经济和技术水平条件的同时，可以为主要作物制定良好的农业实践蓝图（图 1-1、表 1-1）。

图 1-2　与乌干达穆布库（Mubuku）区的农户进行访谈

表 1-1 试点基地中作物水分生产率的诊断和基准测定的分步实施方案

项目中的分步实施方案	
一般数据收集	为诊断当前生产力水平并确定限制性原因，有必要收集所选灌溉基地的现有相关数据。因此，对这些地区过去的工作进行文献检索以确定有关土壤和气候、水资源、种植模式、农艺措施、主要研究中心和机构以及在这些地区开展的相关项目的现有信息。查到的资料已经由当地的利益相关者进行了核实，并确定了信息缺口。此外，为了可以精准识别需要收集的关键信息，还与主要利益相关者进行了小组研讨，以确定作物水分生产率的主要制约因素和影响因素。
农户访谈	由于需要在一般数据收集之外进行更详细的评估，并考虑到缺乏农田尺度的灌溉和农艺实践信息，有必要与灌溉基地中的农户进行访谈。这些访谈的主要目的是记录当前的农业生产水平，描述农场的灌溉设施和农艺措施。访谈的重点是水资源的问题以及其他生产因素，以确定限制生产的可能因素（虫害、社会经济问题等），从而为提高水分生产率开辟途径。还可以通过访谈讨论管理方法和农业生产的年际变化，并记录农户在不同情况下（如缺水）所采取的策略。这些访谈还旨在评估农户对问题、威胁和风险的认知，以及他们如何解决这些问题，因为这项工作的一个重要部分是确定提高该地区水分生产率的最理想（和当地可接受）途径。
灌溉系统评估	针对当前作物水分生产率的诊断和基准而进行的数据采集，需要辅之以一些灌溉系统评估，从而对农田尺度的灌溉系统性能进行评估。根据不同的灌溉系统（沟灌、畦灌、滴灌）制定不同的行动方案，以获得评估所需的性能指标。
建立水分生产率基线和现行做法	为了完成诊断和基准测试阶段任务，即通过使用 AquaCrop 模型来评估潜在产量和可实现产量，收集的数据经过了处理和分析。一旦确定了 AquaCrop 模型所需参数值，就可以通过比较每种作物的模拟结果和测量数据（即为验证过程）来评估模型性能。随后，拟合出不同管理方案下的潜在产量和可实现产量。还估算了产量和实际生产力的差距，并确定每种情况下减少差距的可能原因。作为设计农业实践指南的前一步，造成产量和生产力差距的可能原因主要是涉及直接影响它们的三个方面：灌溉水供应、农田尺度的灌溉管理以及农场内部的生产实践。
制定良好农业实践蓝图和设计良好农业实践方法	对监测田产生的数据进行分析，并将这些数据与上一阶段开展的诊断活动相联系，用来取得可用于制定当地良好农业实践指南所需的相关信息。指南可针对每个灌溉基地的选定作物进行方针调整，并考虑到关于土地整理、播种和种植密度、施肥、杂草管理、病虫害防治等具体管理措施。

用 AquaCrop 模型估算潜在产量和可实现产量 用联合国粮农组织的 AquaCrop 模型估算潜在产量和可实现产量是研究方法的下一步。作物模型是

为潜在和可实现产量提供独立基准的有用工具，鼓励可持续地提高作物产量和生产力。模型从简单到比较复杂的都有（该模型的应用范围很广，从简单到复杂）。模型的准确性与所需参数和输入变量密切相关，而这些参数和输入变量并不总是可获得的。AquaCrop 模型是一个中等复杂的模型，由联合国粮农组织开发，用于评估主要草本作物的产量与水分供应的关系[①]。潜在产量（Yp）是指在养分和水资源都是非限制性因素，并有效控制虫害、疾病和杂草的情况下作物品种可以达到的产量。特定栽培品种的潜在产量只取决于与地点有关的气候条件。可实现产量（Ya）指在气候和水供应为限制因素时，在最佳管理下可以达到的最大产量。AquaCrop 模型用于：ⅰ）获得潜在产量和可实现产量的独立估算（使用长期天气数据进行估算）；ⅱ）确定造成产量水平（实际产量、潜在产量和可实现产量）间差距的原因，以及在可行情况下减少差距的管理方案；ⅲ）量化实施提高水分生产率的建议路径的潜在影响。然而，我们必须强调本地模型参数化和验证的重要性。尽管 AquaCrop 模型已经对主要作物进行了校准，有些作物品种可能还需要调整除物候以外的参数。就此方面而言，应该采用从利用不同管理方法监测的农场获得的数据，确定模型参数以及验证其有效性。在整个作物生长过程中，应从监测农场收集有关天气、土壤、作物生长和管理、灌溉用水、最终生物量和产量的数据。一旦确定该模型的参数及模型通过验证，可以通过模拟不同的管理方案来评估弥补产量和生产力差距的潜在途径（Raes 等，2012）。

应用和工具

联合国粮农组织开发的 AquaCrop 模型作为研究方法的背景。AquaCrop 模型是一个作物生长模型，用于解决作物生产中的环境和管理问题。该模型可模拟草本作物产量对水分的响应，且特别适用于水分胁迫条件。AquaCrop 模型是分析和规划灌溉管理的有效工具，本项目中选择使用了以下选项：

- 比较可实现产量和实际产量。
- 为最大生产力制定灌溉计划。
- 为最大限度地提高水分生产率提供策略。
- 为水资源分配和政策的决策提供支持。

广泛使用的 AquaCrop 模型是一个开源软件，能够为建模提供离线工作模式。该模型被建议应用于农业从业者、推广服务机构、农业发展组织和农民协会。此外，AquaCrop 模型有助于将从农户到决策者等利益相关者集中在一

---

① 有关 AquaCrop 模型的进一步说明详见下一章节。

起；农户在提供特定生产条件下的可靠数据集方面发挥了关键作用，而计划管理者可以从中得出最佳管理方法。这种迭代的过程有助于在农田和基地尺度上开发生产实践方法。

AquaCrop 模型的另一个优点是系统地收集和审查生产参数。由于大多数发展中国家都面临着数据匮乏的问题，AquaCrop 模型有助于建立一个基于潜在生产水平的综合基准数据集。收集的数据集基于田间观测和官方统计，分析时需要收集以下几组数据：

- 气候数据：最低和最高温度、参考蒸散量（ETo）、降水量和二氧化碳浓度。
- 作物特征：种植密度、作物发育、冠层覆盖度变化。
- 土壤剖面特征：土壤调查和相关地图。
- 地下水位：盐度、土壤表面以下的深度。
- 田间管理措施：土壤肥力水平和影响水分平衡的措施。
- 灌溉管理措施：灌溉方法、灌溉的应用深度和时间、灌溉水的盐度。

基于精准的数据集，建模要经过以下步骤：

（1）测量绿色冠层覆盖度的变化：叶片方面以冠层覆盖度表示，即叶冠覆盖土壤表面的比例。通过调整土壤剖面的含水量，可以确定根区的压力。

（2）作物蒸腾：作物蒸腾量（Tr）由参考蒸散量（ETo）和作物系数（Kc）计算得出。作物系数与冠层覆盖度成正比，它在作物的整个生命周期内都会变化。

（3）地上生物量：地上生物量（B）的数值与作物蒸腾量的累积量（$\sum Tr$）成正比。生物量（B）生产的概念方程将蒸腾作用从土壤蒸发中分离出来，同时它适用于气候标准化后的水分生产率。

$$B = WP * \sum \left(\frac{Tr_i}{ETo_i} \right)$$

（4）作物产量：模拟的生物量整合了作物在一个季节内同化的所有光合产物。作物产量（Y）是根据地上生物量的可收获部分获得的。应用中的收获指数（HI）是通过对参考收获指数（HIo）进行调整而得到的，调整因素为胁迫效应。

AquaCrop 模型计算方案的四个步骤提供了一个一目了然和易于理解的机制用来模拟最终作物产量（图 1 - 3）。然而，在实施过程中也存在一些局限性，其中，假设田间作物表现一致是最难实现的。由于缺乏技术，小规模灌溉基地的管理往往不统一，在一个小地块内可能出现重大差异。例如，由于人工劳作的不一致性而导致整个地块的播种密度也有可能会不同（Steduto 等，2009）。

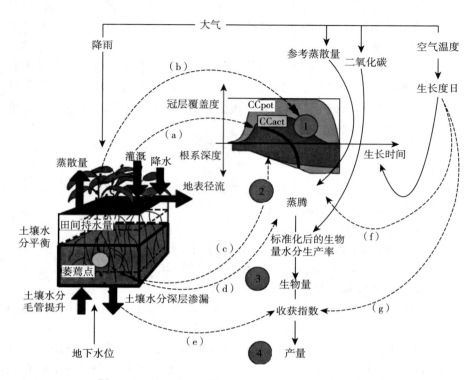

图 1-3　含四个步骤说明的 AquaCrop 模型的计算方案

水分胁迫：（a）减小冠层延展速度　（b）加速冠层衰老　（c）在胁迫严重时降低根系深度（d）减少气孔开度和蒸腾量　（e）影响收获指数。

低温胁迫：（f）减小作物蒸腾。

高温或低温胁迫：（g）抑制授粉并减小收获指数。

资料来源：联合国粮农组织，2015。

　　AquaCrop 模型区分了生物量水分生产率和蒸散水分生产率。生物量水分生产率是指通过蒸腾水获得的生物量，而蒸散水分生产率是指作物产量与蒸散量之间的关系。下一章将对目前应用的定义进行解释。

2 改进的灌溉实践中作物水分生产率的测定

本指南试图介绍一种改进小规模农业实践的分步方法，该方法源自位于布基纳法索、摩洛哥和乌干达的试点案例。然而，指南所提出的作物水分生产率措施的组合并不具有普遍性，因为农场通常具有独特的条件和种植模式，并可能随时间而变化。本《实地指南》提供了一种综合方法，并展示了各种可能的实践组合。本指南将提高作物水分生产率的范围设定在田间尺度，以提供让农户积极参与的解决方案。

本《实地指南》包括以下几个方面：

- 建立具体案例的诊断程序。
- 提高作物水分生产率的最佳实践方法：案例研究。

该指南为农业从业人员提供的不仅仅是一份指导材料，也为类似灌溉基地之间的思想交流和学习他人经验提供了参考资料。改善水资源管理的非传统学习是一个迭代过程，同时我们邀请了基地管理人员参与其中。

建立具体案例的诊断程序。

数据收集方案介绍了农场特征分析的过程，以帮助汇编用于提高作物水分生产率所必要的数据集。AquaCrop 模型的计算方案将数据归为四大类：气候、作物、管理措施和土壤（图 2-1）。

在模拟可实现产量的同时，AquaCrop 模型将冠层扩展、气孔导度、冠层衰老和收获指数作为水分胁迫的关键指标。AquaCrop 模型的核心可以用以下公式描述：

$$B = WP * \sum \left(\frac{Tr_i}{ETo_i} \right)$$

和

$$Y = B * HI$$

其中，水分生产率（WP）是指以 kg（生物量）m^{-2}（土地面积）mm^{-1}（蒸腾水量）为单位，产量（Y）是可收获的产量，B 是生物量的函数，HI 是

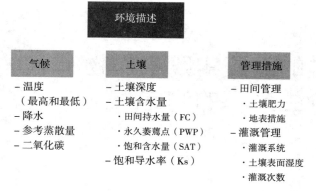

图 2-1 AquaCrop 模型的输入数据

资料来源：联合国粮农组织，2019。

收获指数。

AquaCrop 模型的设计整合了土壤—植物—大气的连续体，包括土壤、植物、大气和管理。在收集数据的同时记录不同的管理策略尤为重要，因为施肥、覆盖和其他与水分相关的措施的变化会大大影响土壤水分平衡、作物生长和发育。该模型改编自 Steduto 等人（Steduto 等，2009），可以描述如下：大气是对应 AquaCrop 模型的气候部分。计算时需要使用收集程序中总结的数据：每日最高和最低温度、每日降水量、参考蒸散量和年均二氧化碳浓度。降水量和参考蒸散量是用于计算土壤根区水分平衡的输入参数，二氧化碳则影响冠层生长。

作物有五个主要的内置参数：物候、冠层覆盖、根系深度、生物量和可收获产量。冠层覆盖物的扩展、维持和衰老消亡取决于根系系统、开花以及地上生物量的积累。冠层覆盖度对水分胁迫有直接影响。AquaCrop 模型采用计算冠层覆盖度的方法，而不是叶面积指数方法，这使它区别于其他生长模型。为了简化模拟，模型会将插入的冠层变化转换为生长函数。植被冠层是计算蒸腾量的基础，模型通过归一化水分生产率将植被冠层转化为相应的生物量。与传统的以辐射为驱动的模型不同，AquaCrop 模型是一个水分驱动模型（图 2-2）。计算生物量后，通过收获指数来估算产量，必须为每种作物提供参考收获指数用以计算生物量的可收获部分。该模型还能够通过发育阶段的时间和持续时间的变化、形态的差异、冠层大小和生长、标准化水分生产率以及对不同环境因素的影响来实现品种间的分化（Raes，2015）。

蒸腾量　蒸腾量作为生物量生产的基础，与土壤蒸发量分开进行模拟，它是作为作物系数（Kc）的函数计算出来的，该系数需根据胁迫、冠层老化和衰老对作物的影响进行调整。

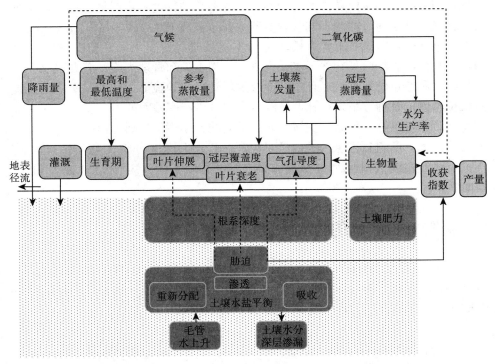

图 2-2 AquaCrop 模型的计算方案

资料来源：联合国粮农组织，2018。

水分胁迫 水分胁迫是 AquaCrop 模型的主要功能之一，它是为模拟受水限制的产量而构建的。AquaCrop 模型有一个新颖的方法，将水分缺失的影响分为三个部分：ⅰ）冠层延展速率的降低，ⅱ）气孔导度的降低，ⅲ）植株衰老的加速。水分亏缺以水分胁迫系数（Ks）来量化，其范围从 0（无胁迫）到 1（充分胁迫）。

土壤-根系系统 土壤-根系系统通过有效生根深度（ERD）进行模拟。有效生根深度表示植物根系在土壤中可吸水情况下的土壤深度。有效生根深度遵循包括渗透、径流、深层渗漏、排水、吸收、蒸发和蒸腾在内的平衡方法。

管理实践 管理实践区分了田间管理和灌溉管理选项。田间管理选项包括将土壤肥力水平从最佳到贫瘠进行参数化以及包括覆盖、土埂和刈割时间在内的地表处理。灌溉选项包括两种：雨养和灌溉。灌溉则被进一步明确到更细致的应用方法，管理模块的主要优势之一是可以选择输入不同的调度方法或应用自动生成的调度。

模拟按照所描述的步骤执行，尽管 AquaCrop 模型已经对主要作物进行了校准，但有些作物可能还需要对物候以外的参数进行进一步调整。就此方面而言，模型参数是通过监测不同管理实践农场以获得相关数据来确定和验证的，这对 AquaCrop 模型中的肥力模块进行本地校准尤为重要。在整个作物生长季，应从监测农场收集有关天气、土壤、作物生长和管理措施、灌溉用水、最终生物量和产量的数据。一旦模型的参数得到确定和验证，就可以用来评估通过模拟不同的管理方案来弥补产量缺口和水分生产率差距的潜在途径。

为了获得足够的数据，本指南通过全面的数据收集计划为模拟提供进一步的支持。下一章包括盘点练习，用以支持水分生产率分析的数据收集。除 AquaCrop 模型外，所设计的数据收集方案也适用于基于其他方法的水分生产率分析。

获取分析数据的程序

提高农田尺度的作物水分生产率需要大量的数据。由于大多数国家都存在数据匮乏的问题，本指南提供了支持数据收集的盘点工作。这套问卷调查对必要的步骤进行指导，为进一步分析提供充分的基础。

1. 监控农场的筛选和建立	2. 气候数据的收集和处理	3. 农场数据的收集和处理
• 筛选监控农场 • 将管理措施分配到各个监测农场 • 细化农艺管理指南	• 收集气候数据 • 处理气候数据	• 设计方案 • 与当地利益相关者验证方案 • 土壤采样和分析 • 收集作物数据： 作物生长，冠层覆盖的进程，最终生物量和产量 • 记录灌溉用水量 • 处理所有收集的数据

图 2-3 进行水分生产率分析的流程统计图

该程序涵盖了使用 AquaCrop 模型评估潜在产量和可实现产量的三个步骤：1）筛选和建立监测农场；2）气候数据收集和处理；3）农场数据收集和处理。这些步骤虽然一目了然，但是在需要处理所收集的数据时应可随时加入额外的信息和参考资料（图 2-3）。

监测农场的筛选和建立

- 监测农场的筛选
- 将管理措施分配到各个监测农场
- 细化农艺管理指南

表 2-1 农艺管理调查问卷

作物水分生产率分析：与农户进行背景数据访谈
＊ 由受访农户完成
受访日期：
姓名：

1. 农户信息
1.1 性别： 男 女
1.2 年龄： 30 岁以下 30 到 50 岁之间 50 岁以上
1.3 您从何时开始从事农业生产？
1.4 农田的总面积为：
1.5 农场的特征

农田（作物）	农田大小（公顷）	土壤特性	作物/轮作
1.			
2.			
3.			

1.6 您种植的主要作物是何作物？为何选择此作物？
1.7 就盈利而言，您最稳定的收成来自何种作物？
1.8 户主受教育程度：

未受教育	小学	初中	高中	大学

1.9 务农是您唯一的收入来源吗？您收入中有多少来自农业？
1.10 您是如何进入农业市场？
1.11 您有获取农业信息的渠道吗？什么类型的信息？谁提供的？

（续）

2. 种植方法			
2.1 你们种植的是什么品种，为什么？			
作物	品种		选择原因
1.			
2.			
3.			

2.2 每种作物什么时候播种？您什么时候收获？行间距是多少？您使用的播种量是多少？			
作物	播种日期	收获日期	种植密度
1.	月份： ☐上旬 ☐中旬 ☐下旬	月份： ☐上旬 ☐中旬 ☐下旬	植株/公顷： 或行间距（米）： 或播种量（千克种子/公顷）：
2.	月份： ☐上旬 ☐中旬 ☐下旬	月份： ☐上旬 ☐中旬 ☐下旬	植株/公顷： 或行间距（米）： 或播种量（千克种子/公顷）：
3.	月份： ☐上旬 ☐中旬 ☐下旬	月份： ☐上旬 ☐中旬 ☐下旬	植株/公顷： 或行间距（米）： 或播种量（千克种子/公顷）：

2.3 您施加肥料吗？哪种作物？哪种肥料？施加数量？什么时候施加肥料？			
作物	肥料种类	施肥数量（单位）	何时施肥
1.			
2.			
3.			

2.4 收获后，您会把作物残茬留在地里吗？

2.5 您如何控制杂草？您认为杂草会影响生产水平吗？

2.6 主要的病虫害是什么？什么时候会出现病虫害？您把病虫害和某些因素联系起来了吗？您是如何控制病虫害的？

作物	病/虫害	控制方法	观测结果
1.			
2.			
3.			

（续）

3. 产量		
3.1　各个作物的产量水平（平均，最小和最大）如何？		
作物	产量水平	备注
	平均 最大 最小	
	平均 最大 最小	
	平均 最大 最小	
	平均 最大 最小	
3.2　在您看来，达到更高产量水平的主要制约因素是什么？		
访谈说明：		

气候数据的收集和处理

· 气候数据的收集
· 处理气候数据

表 2 - 2　气候数据收集

气象站	
站名	
代码	
经度	度，分，东或西
纬度	度，分，南或北
海拔高度	海平线上米数

（续）

日期	温度		湿度					风速	太阳辐射量		
	Tmax （℃）	Tmin （℃）	RHmean （%）	Tdew （℃）	E （act） （kPa）	Tdry （℃）	Twet （℃）	Wspeed （m/s）	n （hour/ day）	Rs （MJ/m²· day）	Rn （MJ/m²· day）

观测结果

Tmax（℃）	最高温度（℃）
Tmin（℃）	最低温度（℃）
RHmean （%）	平均相对湿度 （%）
Tdew （℃）	露点温度（℃）
E（act） （kPa）	实际水汽压力 （千帕）
Tdry （℃）	干球温度（℃）
Twet （℃）	湿球温度（℃）
W. Speed （m/s）	风速（米/秒，需标 注离地表高度）
n （hour/day）	实际日照持续时间 （小时/天）
Rs （MJ/m²·day）	太阳或短波辐射量 （兆焦/平方米·天）
Rn （MJ/m²·day）	净辐射量 （兆焦/平方米·天）

气候数据集是计算参考蒸散量（ETo）的必要条件，以便计算作物需水量。蒸散量的概念来自两种不同类型的水分流失：土壤表面的蒸发和作物的蒸腾。两者的结合决定了蒸散率（FAO，1998）。

蒸发是液态水转化为水蒸气并从介质表面脱离的过程。蒸发的程度取决于蒸发表面和周围大气之间的水蒸气压力的差异。决定这一过程的气候参数是太阳辐射、空气温度、空气湿度和风速。就土壤表面而言，冠层覆盖度和表面的可用水量都是影响土壤表面蒸发的因素。

蒸腾是植物组织中的水分汽化并排入大气中。植物组织与大气的水汽交换是通过气孔的开合进行的。与蒸发类似，蒸腾取决于能量供应、水蒸气压力梯度和风力大小。然而，蒸腾受到许多其他生物因素的影响，如作物特性、环境因素、植株发育状态以及栽培措施等。

蒸散是蒸发和蒸腾的总和。在植株最初的生长阶段，由于冠层覆盖度低，水分主要通过土壤的蒸发流失。在冠层逐渐扩展的过程中土壤被遮蔽，蒸腾则成为水分流失的主要驱动。一般来说，蒸发和蒸腾很难区分开来。

参考作物表面的蒸散速率决定了参考蒸散量（ETo）。某一特定介质表面的蒸散量为其他表面的蒸散量测量提供了一个参考。这使其能够应用于不同地点或季节。参考蒸散量是根据调查中所列的气候参数计算的。

计算参考蒸散量（ETo）的经典方法是由 Penman-Monteith 构建的。Penman-Monteith 的组合方程是：

$$\lambda ET = \frac{\Delta(R_n - G) + \rho_a c_\rho \dfrac{(e_s - e_a)}{r_a}}{\Delta + \gamma\left(1 + \dfrac{rs}{r_a}\right)}$$

其中 R_n 是净辐射量，G 是土壤热通量，（$e_s - e_a$）代表空气的蒸汽压亏缺，ρ_a 是恒定压力下的平均空气密度，c_ρ 是空气的比热，Δ 代表饱和蒸汽压—温度关系的斜率，γ 是干湿表常数，r_s 和 r_a 是（体积）表面阻力和空气动力阻力。

联合国粮农组织的 Penman-Monteith 法克服了 Penman 法的缺点，同时解决了使用 Penman-Monteith 方程时需要对阻力系数进行局部校准的问题（Allen 等，1998）。为便于估算参考作物蒸散量，联合国粮农组织的参考蒸散量计算组件已嵌入到 AquaCrop 模型中。该程序可以处理每日、每旬和每月的气候数据。数据可以用各种单位和气候参数给出。

农田数据的收集和处理

- 设计方案
- 与当地利益相关者一起验证方案
- 土壤采样和分析
- 收集作物数据：作物生长、冠层覆盖的进程，最终生物量和产量
- 记录灌溉用水量
- 处理所有收集的数据

表 2 - 3　农田土壤数据

1. 土壤数据				
日期				
田地代码				
面积（平方米）				
子采样单元				
子采样单元的数量（如适用）				
采样点总数				
每个子单元的采样点数量（如适用）：x//y//z				
采样深度（厘米）				
采样深度间隔（厘米）				
代码	采样地点	X UTM	Y UTM	深度（厘米）
1.				
2.				
3.				

土壤水分含量- SWC（该表是对表 1. 一般数据的补充。）

代码	湿土重- Ww（克）	干土重- Wd（克）	土壤容重- ρd（克/立方厘米）	重量含水率 θd（重量百分比）	体积含水率 θw（体积百分比）
1.1				=（湿土重-干土重）/干土重	=土壤容重×重量含水率
1.2					
1.3					
2.1					

图 2-4 乌干达穆布库（Mubuku）区的渗透试验

表 2-4 农田作物数据

2. 作物数据		
田地代码		
作物		
种植方式		
种植密度（植株数/平方米）		
作物生长		
种植/播种		
90%出芽		
最大冠层覆盖度（CCx）		
开始开花		
开花持续期间		
开始冠层衰老		
作物生理成熟		
种植密度（株/平方米）		

（续）

杂草，虫害和病害		
名称		
开始日期		
感染率		
照片代码		
生物产量		
日期		
面积（平方米）		
作物间隔（米）		
采样面积（平方米）		

作物	总鲜重（克）	籽粒鲜重（克）	总干重（克）	籽粒干重（克）	籽粒含水量（%）	
1.					＝（总干重－籽粒干重）/ 籽粒干重	
2.						
3.						
均值						
地上部分生物量（千克/公顷）	＝干重的平均值/采样面积×10					
作物产量（千克/公顷）	＝籽粒重量的平均值/采样面积×10					
收获指数	＝作物产量/地上部分生物量					

作物品种间的许多差异与其生长发育的发生时间有关。因此，监测田中种植的品种达到特定阶段的时间或持续时间都应该在 AquaCrop 模型中进行详细说明。这些阶段包括：

• 达到 90% 出芽率的时间。

• 达到最大冠层覆盖度的时间。

• 冠层开始衰老的时间。

• 开始开花（或开始形成产量）的时间。

- 开花持续期间。
- 作物生理成熟时间。

上述参数应在整个生长季节在所有监测农田进行记录。

表 2 - 5　农田灌溉数据

3. 灌溉数据			
您什么时候可以使用灌溉？频率？			
请描述您的灌溉系统。			
您认为您是均匀使用灌溉水的吗？如果答案是"不是"，您认为主要原因是什么？			
您注意到灌溉田有地表径流吗？有哪些作物？什么时候？			
请描述每种作物的灌溉管理：整个生育期的灌溉次数和灌溉持续时间。			
作物	月份	每月灌溉次数	灌溉持续时间
您是如何确定何时开始灌溉，以及灌溉频率和持续时间的？			
在干旱或缺水的情况下，您将优先灌溉什么作物？			
在您看来，灌溉管理的主要困难是什么？			
您是否尽您所能地进行高效灌溉？如何改善您的灌溉管理？			
政府/灌溉基地机构/水利局可以如何帮助农户使用更有效的灌溉方法？			

表 2-6　农田排放量数据

4. 排放量监测					
日期					
田地代码					
面积（平方米）					
溢流深度（米）					
	小时			分钟	
灌溉开始时间					
小时	分钟	水位 1（厘米）	水位 2（厘米）	管道流量（立方米/秒）	体积（立方米）	灌溉时长（分钟）
总体积（立方米）					
水深（米）					

图 2-5　测量农场排水量的便携式 RBC 水槽

　　测量用水量需要对灌溉进行全季监测，尽管有多种设备可用于测量灌溉系统的排水量，但农田灌溉需要单独的设备（图 2-5）。然而，这种设备通常很昂贵，或者农户无法直接获得，但有一些标准化的流程可用于排水量的监测

（Lorite 等，2013）。联合国粮农组织制定的《提高小规模农业用水效率的实地指南》提供了几种获得排水数据的方法（Salman 等，2019），因此，本指南将不对排水量的监测进行深入讨论。

农田灌溉的性能可通过两个指标进行评估：灌溉水分配的均匀性和灌水效率（Brouwer，2007；Saxton and Rawls，2006）。如果是地面灌溉，可以采用以下公式：

分配效率（DU）定义为田间低洼处的平均入渗深度（Z_{lq}）与总平均入渗深度（Z_{av}）的比率：

$$DU = 100 \frac{Z_{lq}}{Z_{av}}$$

DU 是一个受多因素影响的函数：

$$DU = f_j(q_{jn}, L, n, S_0, I_c, F_a, t_{co})$$

其中，q_{jn} 是沟渠的流入量或边界/盆地的单位宽度，L 是沟渠/边界/盆地的长度，n 是粗糙度系数，S_0 是田地的纵向坡度，I_c 是土壤的摄入特性，F_a 是沟渠或盆地边界的形式，t_{co} 是截流时间。

灌水效率（e_a）是指作物根系活动所需的平均储水量（Zr）与田间灌水量（D）之比：

$$e_a = 100 \frac{Zr}{D}$$

$$e_a = f_2(q_\epsilon, L, n, S_0, I_c, F_a, t_{co}, SMD)$$

其中，SMD 是土壤水分亏缺。

模拟过程通常需要大量的数据且对数据的要求很高，但现行草案通过提供替代方案允许模拟有一定的灵活性。结果的验证需要有咨询过程。将模拟结果与观测结果进行比较，确定产量差的可能制约因素，从而建立良好的农业实践方法。

3 通过改进实践方法来提高作物水分生产率： 国家案例

需要通过谨慎的解释分析才能从模拟结果中得出结论和经验教训。案例研究的方法有助于良好实践方法的建立及实施。可通过以下步骤确定最佳农业实践方法，用以提高试点基地中的作物水分生产率：

- 基地的特征和综合数据集的汇编。
- 通过 AquaCrop 模型进行参数化和模拟。
- 确立良好的实践方法，监测实施情况并宣传结果。

国家案例提供了关于农业实践的建议，同时展示了改进后的策略的实施。

根据诊断结果、比较分析（使用联合国粮农组织的 AquaCrop 模型）以及在基地灌溉区内进行的示范，确立了最佳实践方法，旨在提供全面改进策略。该策略涵盖了农业生产的大部分方面：资源效率、生产力和盈利能力。引入的改进策略经过试点，证明其不仅对作物的水分生产率有积极影响，而且对农业生产力和节约水资源也有积极作用。

3.1 在布基纳法索 Ben Nafa Kacha 区提高作物水分生产率的最佳做法

在布基纳法索发展灌溉对加强粮食安全和农户收入至关重要。苏鲁（Sourou）的情况尤其如此，那里的大部分人口都从事农业，因此大部分家庭的粮食安全取决于农业生产力。然而，区域资源效率需要进一步提高。在 Ben Nafa Kacha 区，灌溉对农业有多重影响。首先，一个以亚热带干旱气候为特征的地区水分生产率需要得到提高。其次，由于该地区的灌溉系统由大容量水泵供应，灌溉对盈利能力有直接影响。通过水泵取水是高消耗的生产成本之一，因此提高水分生产率至关重要。提高水分生产率的许多方法都与农场层面的灌溉管理直接相关。除与水相关的因素之外，还有相当多的因素（施肥、种植密度、作物保护等）对水分生产率和农户的生计有很大影响（图 3-1）。

图 3-1　提高水分生产率的综合管理措施
资料来源：联合国粮农组织，2019。

Ben Nafa Kacha 区主要种植洋葱、玉米和水稻，采用沟渠或盆地灌溉。农业生产季分为湿润季和干燥季两个季节，但是从 10 月到次年 4 月只有一次灌溉活动（表 3-1）。平均下来，每个农户有 1 公顷的种植面积，除水稻外，每块农田每周进行一次或两次灌溉。水稻田的盆地结构在 10 月份会保持一个月的水淹处理。该基地只采用地面灌溉，即沟灌和盆灌（图 3-2）。

图 3-2　布基纳法索 Ben Nafa Kacha 区的主要水渠

表 3-1 布基纳法索 Ben Nafa Kacha 区典型农作物的生长数据

	干燥季								
作物	日长（天数）				根系深度（米）	最高植被高度（米）	作物系数（一）		
	作物初始生长阶段	作物生长前期阶段	作物生长中期	作物生长后期			作物初始生长阶段	作物生长中期	作物生长后期
水生稻	15	25	50	20	0.5	1.00	0.80	1.20	0.60
洋葱	10	15	45	30	0.4	0.50	0.60	1.10	0.80
青豆	10	20	35	10	0.7*	0.40	0.60	1.10	0.90
番茄	15	20	40	20	0.7*	0.60	0.40	1.20	0.80

	湿润季								
作物	日长（天数）					根系深度（米）	最高植被高度（米）	作物系数（一）		
	育苗期	作物初始生长	作物生长前期	作物生长中期	作物生长后期			作物初始生长阶段	作物生长中期	作物生长后期
水生稻	15	15	25	55	20	0.5	1.00	0.80	1.20	0.60
玉米	-	15	30	55	30	0.7*	1.80	0.70	1.10	0.40

*根系深度受土壤深度（0.7 米）限制。

灌溉由当地用水者协会（WUA）进行管理，该协会负责水力结构的运行和维护，水泵的运行和二级渠道之间的水分配。根据已建立的排放记录，日均供水量足以满足作物的最大需水量。然而，由于灌溉方法不当，农户经常遭遇缺水和内涝问题。虽然供水充足，但用水效率和水的分配有待进一步提高。分析发现，在灌溉时间和频率方面存在暂时性的水供应过剩，而灌水量没有根据作物生长发育阶段进行调整。由于每个作物生长发育阶段的需水量与固定灌溉周期之间的差异，通过观察冠层的变化发现了水分胁迫的存在。计算出的作物需水量（CWR）表明，水稻是需水最多的作物，而玉米即使在雨养旱作的条件下也可以有产出（表 3-2）。

表 3-2 布基纳法索 Ben Nafa Kacha 区的作物需水量

作物	播种期	种植面积（公顷）	作物需水量（立方米）	作物需水量（立方米/公顷）
水生稻（湿润季）	7 月	165	1 563 761	9 477
洋葱	10 月	80	464 471	5 806
水生稻（干旱季）	2 月	165	1 622 446	9 833
玉米	5 月	110	298 630	2 715

诊断

准备

潜在的制约因素：苗床不足

苗床准备对于作物的初生阶段至关重要，因此，对整个作物生长季而言，适当的苗床对作物的最佳生长和发育也起到至关重要的作用，从而最终对产量有很大影响。土壤的水分状况对苗床的准备至关重要。

玉米和洋葱

为确保玉米和洋葱的良好种植，必须在播种（移栽）前约 3 至 4 周对土壤进行处理，使有机物可以得到部分分解。此外，苗床的准备工作应在灌溉（降水）发生后的 1 至 3 天进行，等到土壤多余水分排出，这时土壤的湿度条件较好。最后，种子（秧苗）必须播种（移栽）在薄而碎的土层中，在该层之下浇过水的土壤则较为固结（图 3-3）。

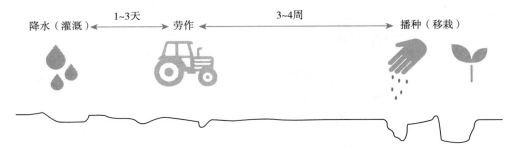

图 3-3　玉米和洋葱播种流程
资料来源：科尔多瓦大学，2019。

水稻

在水稻的种植中，对湿地进行耕犁对黏土尤其有效。其目的是开发出一土壤层来减少因深层渗透导致的水分流失。通常情况下，15～20 厘米的犁耕就足够了。理想情况下，最好让土壤保持干燥一到两周，以使有机物质分解。移栽前不久必须进行搅浆，然后进行整平。建议至少在 3 天内进行灌水，以防止杂草生长，减少细土和养分的流失（图 3-4）。

潜在的制约因素：播种量不合理

遵从推荐播种量是高产的最关键因素之一。多于最佳播种量并不一定能提高产量，反而会降低收益率。建议采用以下播种量：

• 玉米：20～25 千克/公顷
• 水稻：40 千克/公顷
• 洋葱：4 千克/公顷

图 3-4　水稻播种流程

资料来源：科尔多瓦大学，2019。

潜在的制约因素：播种深度不足

玉米

决定种植成功的一个主要因素是播深。为了确保深层根系接触到足够的水分和养分，玉米在中等质地土壤中的最佳播深为 2～3 厘米。可以使种子较好地被固定在土壤中。

潜在的制约因素：移植日期不合理

水稻

对于移栽来说，最佳的苗龄是 15 至 21 天（图 3-5）。移栽的时间很关键，因为移栽植物的苗龄极大地影响到即将到来的发育阶段（植物恢复、分蘖、抽穗和产量）。

图 3-5　布基纳法索 Ben Nafa Kacha 区的水稻移栽工作

潜在的制约因素：农业投入质量差

应使用适当的、高质量的农业投入来提高种植产量。即使优质投入的成本更高，最终也能保证获得更好的投资回报。目前，获得足够的优质投入（种子、化肥、农药等）依旧面临着限制。建议通过合作社或其他地方组织进行集体采购，以便能更好地接触到投入品市场。

管理实践

潜在的制约因素：固定的灌溉时间表

灌溉必须根据作物对水的需求进行调整，然而按照固定时间表进行规律的灌溉，这一点很难做到。在供水有限的情况下，重视作物生长关键阶段的用水需求尤为重要。

季节性降水几乎覆盖了玉米的全部需水量和部分水稻的需水量。因此，目前的灌溉供应（排水量和持续时间）足以满足作物的用水需求。确保灌溉在水稻和玉米的开花期和籽粒灌浆期可以及时供应尤为重要。然而，在移栽期间，灌溉的一般标准是将水位保持在 5 至 10 厘米之间，用以重获损失的水。然而，目前的设计和设备无法在田间进行这类水分控制。

洋葱在旱季生产，其根系较浅，因此灌溉水的频率和时间对洋葱生产更为关键。建议每周一次的灌溉频率，0.25 公顷的地块灌溉 2 小时，排水量为 15 升/秒。在整个生产过程中可以保持这种灌溉频率，不过，在最初的营养生长期和最后的鳞茎成熟期，灌溉间隔可以有所延长（如 10 天）。

潜在的制约因素：排水不充分

农田的排水系统必须在种植季节中得到适当的维护，特别是将径流输送到系统级排水沟的沟渠。确保农田有良好的排水系统对雨季中的黏重土壤至关重要，因为雨水的过度供应会导致大量积水，通过污染土壤和水对生产产生不利影响（图 3-6）。

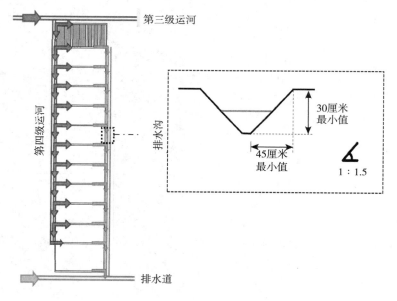

图 3-6　布基纳法索 Ben Nafa Kacha 区的主要排水网络

资料来源：由联合国粮农组织阐述，2019。

　　多余的水分必须通过沟渠输送到田地下游的排水沟中。然而，在某些情况下，这是不够的，还需要挖平行的排水沟来保证排水通畅。排水渠的横截面可以是梯形或 V 形，深度为 30～60 厘米，最大侧向坡度为 1：1.5。此外，还应定期维护排水沟、水渠及其连接处以避免堵塞。

潜在的制约因素：有限的养分供应

养分的供应不足往往限制了该地区的产量。在适当的时间施用适当的养分是优化产量的一个关键因素。强烈建议在生长季节分次施用氮肥，以便在及时提供足够氮的同时减少氮流失对经济和环境的影响。推荐的肥料用量应根据当地市场的配方进行调整。

玉米

对于玉米，建议采用如下分次施肥（图 3 - 7）：

• 播种时：氮磷钾 15 - 15 - 15：400 千克/公顷

• 过膝高度时：尿素：150 千克/公顷

• 抽雄阶段：尿素：100 千克/公顷

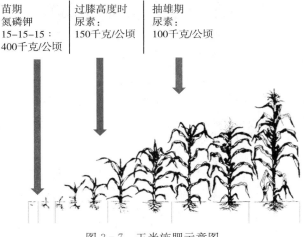

图 3 - 7　玉米施肥示意图

资料来源：科尔多瓦大学，2019。

水稻

对于水稻，建议采用如下分次施肥（图 3 - 8）：

• 移栽时：氮磷钾 23 - 10 - 5：200 千克/公顷

• 分蘖期：氮磷钾 15 - 15 - 15：200 千克/公顷＋尿素：70 千克/公顷

• 穗分化时：尿素：100 千克/公顷

洋葱

对于洋葱，建议采用如下分次施肥（图 3 - 9）：

• 移栽时：氮磷钾 15 - 15 - 15：300 千克/公顷

• 第一片生长叶落叶时：氮磷钾 15 - 15 - 15：233 千克/公顷＋尿素：54 千克/公顷

• 鳞茎发育期：尿素：98 千克/公顷

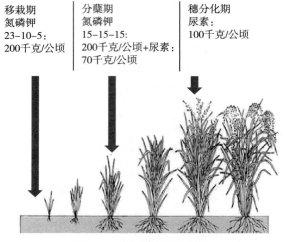

移栽期
氮磷钾
23-10-5：
200千克/公顷

分蘖期
氮磷钾
15-15-15：
200千克/公顷+尿素：
70千克/公顷

穗分化期
尿素：
100千克/公顷

图 3-8　水稻施肥示意图

资料来源：科尔多瓦大学，2019。

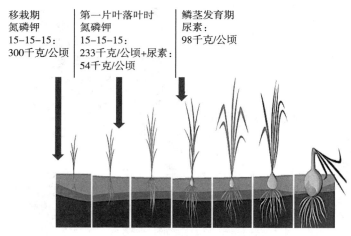

移栽期
氮磷钾
15-15-15：
300千克/公顷

第一片叶落叶时
氮磷钾
15-15-15：
233千克/公顷+尿素：
54千克/公顷

鳞茎发育期
尿素：
98千克/公顷

图 3-9　洋葱施肥示意图

资料来源：科尔多瓦大学，2019。

潜在的制约因素：有限的杂草控制

应在作物生长的关键阶段进行适当的杂草控制，方法是将人工除草与施用除草剂相结合来对不同类型的杂草进行防控。除草最关键的时期是从作物生长的前期直到作物的冠层生长达到最大覆盖度。此外，应在第二次施氮之前加强杂草清除，以尽量减少因杂草侵扰导致的作物减产。

玉米

对于玉米，建议采用以下杂草防控措施（图3-10）：

- 苗前除草剂
- 3 至 5 叶期第一次人工除草
- 抽雄前第二次人工除草

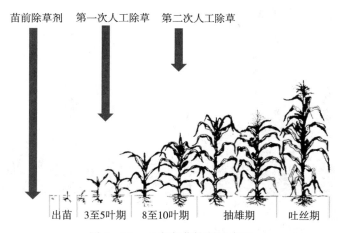

图 3-10 玉米杂草控制示意图

资料来源：科尔多瓦大学，2019。

水稻

对于水稻，建议采用以下杂草防控措施（图 3-11）：

- 苗前除草剂
- 分蘖期第一次人工除草
- 抽穗前第二次人工除草

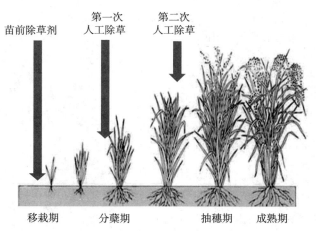

图 3-11 水稻杂草控制示意图

资料来源：科尔多瓦大学，2019。

洋葱

对于洋葱，建议采用以下杂草防控措施（图3-12）：

• 苗前除草剂
• 真叶期第一次人工除草
• 鳞茎形成前第二次人工除草

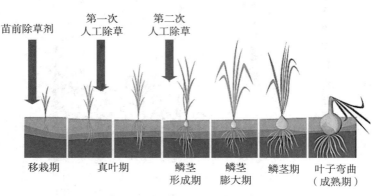

图3-12　洋葱杂草控制示意图

资料来源：科尔多瓦大学，2019。

潜在的制约因素：杀虫剂使用不当

为有效控制病虫害，有时需要施用杀虫剂。此外，应着重注意作物最关键的物候期，以避免出现虫害和症状。

种植后两周左右应开始定期检查，每周都应检查已发芽的植物是否有病虫害迹象，并在必要时采取防治措施。在植株周围、植株上以及茎和根周围的土壤中寻找昆虫；在田间寻找死去、垂死和躺落的植株。

为了可持续地管理病虫害，施用杀虫剂需要辅以其他措施，如：

• 在播种前几周进行深耕。
• 对水稻地块进行约两周的泡田以清除杂草。
• 在雨季开始时提早种植。
• 用杀菌剂处理种子。
• 通过适当施肥改善土壤条件。
• 适当除草。
• 如果发生了严重的病虫害，则需要进行残茬处理（清除所有的作物残茬，在收获后进行焚烧、翻耕或泡田处理）。

实施良好实践方法的结果

经过一个阶段的诊断和比较分析（基准测试），通过 AquaCrop 模型评估了水分生产率收益。改进计划是在示范田里实施的，以达到有效的宣传作用。实施改进计划后得到的产量、用水量和水分生产率用于最后的分析。结果显示，水稻和玉米的生产水平得到了很大提高。该改进计划有益于洋葱质量的提高，尤其有助于改善洋葱的直径和利于保存方面，质量的提高极大地促进了洋葱的适销性和长久储存性。尽管如此，以提高质量为目标的改进与生产力之间依然存在着权衡问题。

作物水分生产率

玉米的作物水分生产率从 53 千克/公顷/毫米提高到 130 千克/公顷/毫米，水稻的作物水分生产率从 3.8 千克/公顷/毫米提高到 4.3 千克/公顷/毫米（图 3 - 13）。

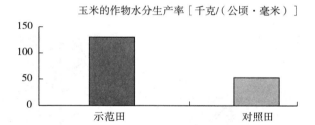

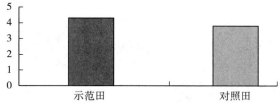

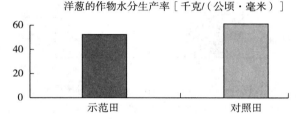

图 3 - 13　玉米水稻洋葱的作物水分生产率对比图

资料来源：联合国粮农组织的阐述，2019。

玉米和水稻使用的灌溉水量减少。改进计划使玉米地块节水 18 毫米，水生稻地块节水 195 毫米（图 3-14）。

用水量

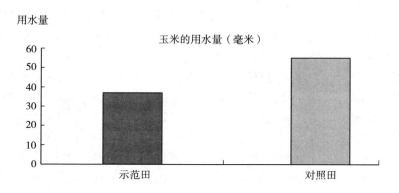

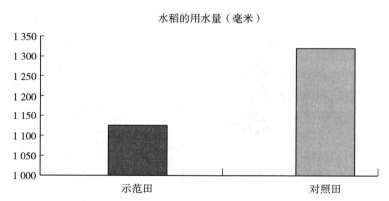

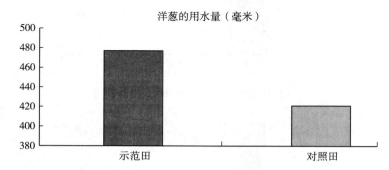

图 3-14　玉米水稻洋葱用水量对比图

资料来源：联合国粮农组织的阐述，2019。

改进计划使玉米产量大幅提高，每公顷产量增加 1.5 吨以上。水稻和洋葱示范田的产量与对照田相似，从而证明通过有效的资源利用也能获得目前的产量（图 3-15）。

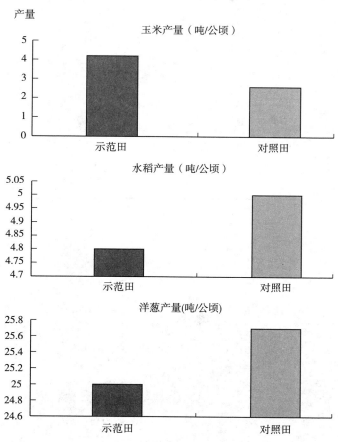

图 3-15　玉米水稻洋葱产量对比图

资料来源：联合国粮农组织的阐述，2019。

3.2　在乌干达穆布库（Mubuku）区提高作物水分生产率的最佳做法

穆布库（Mubuku）区的灌溉基地大约有 540 公顷，由 167 位农户耕种。根据长期租赁合同，农户获得的平均田地面积为 8 英亩（约 3.2 公顷）。穆布库（Mubuku）区的典型种植模式为水稻、玉米、洋葱两季轮作；此外，番茄、豆类和芒果也随机在小块田地种植。玉米、水稻和洋葱是主要作物，占两季总耕作面积的 83%（表 3-3）。

表 3-3　乌干达穆布库（Mubuku）区典型农作物的生长周期

作物	日长（天数）				根系深度	最高植被高度	作物系数		
	初始生长阶段	生长前期阶段	生长中期	生长晚期			初始生长阶段	生长中期	生长晚期
玉米	15	30	55	30	1.0~1.7	2.00	0.70	1.10	0.40
水稻	15	25	45	20	0.5~1.0	1.00	0.80	1.20	0.60
洋葱	10	15	40	25	0.3~0.6	0.50	0.60	1.10	0.80
豆类	15	15	30	30	0.5~0.7	0.40	0.60	1.10	1.00
番茄	30	60	30	30	0.7~1.5	0.70	0.40	1.00	0.80
芒果	60	90	120	95	2.0~4.0	6.00	0.72	0.75	0.78

图 3-16　穆布库（Mubuku）区的沟渠灌溉评估

　　第一种植季的用水高峰期为 4 月、5 月、7 月，第二种植季为 11 月、12月。基地的管理不限制种植作物的选择和改变。每年包含两个种植季节，且这两个季节都是灌溉期。塞布韦河（River Sebwe）为农业提供了充足的灌溉用水；因此，该基地不需要依赖地下水资源进行灌溉（图 3-16）。该基地设计为采用重力输送的地表水灌溉。虽然输送效率低，但供水量仍然大大超过了建议的水量。同时还发现，各分区存在水分配不均匀的现象；因此，农户的灌溉措施因实时供应量不同而不同。这种现象导致部分农户的地块遭受缺水之苦——特别是在下游地区——而部分农户的地块出现过度灌溉的现象。每种作物的需水量被计算了出来（表3-4）。

表3-4 乌干达穆布库（Mubuku）区典型作物的需水量

作物	播种时期	面积（公顷）	作物需水量（立方米）	作物需水量（平方米/公顷）
玉米	3月	50.00	175 492	3 510
水稻	3月	33.00	119 152	3 611
洋葱	1月	23.00	98 903	4 300
玉米	9月	69.00	230 982	3 348
水稻	9月	53.00	180 959	3 414
洋葱	6月	10.00	40 404	4 040

诊断

准备

潜在的制约因素：苗床不足

苗床准备对于作物的初生阶段至关重要。因此，对整个作物生长季而言，适当的苗床对作物的最佳生长和发育也起到至关重要的作用，从而最终对产量的表现有很大影响。土壤的水分状况对苗床的准备至关重要。

为确保旱稻、玉米和洋葱的良好种植，必须在播种（移栽）前约3至4周对土壤进行处理，使有机物可以得到部分分解。此外，苗床的准备工作应在灌溉（降水）发生后的1至3天进行，等到土壤多余水分排出，这时土壤的湿度较好。最后，种子（秧苗）必须播种（栽种）在薄而碎的土壤层中，在该层之下浇过水的土壤则较为固结（图3-17）。

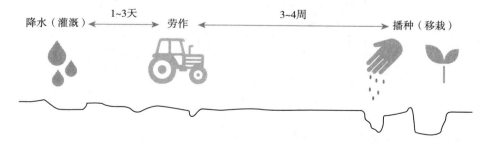

图3-17 作物播种示意图

资料来源：科尔多瓦大学的阐述，2019。

潜在的制约因素：播种量不合理

遵从推荐播种量是高产的最关键因素之一。多于最佳播种量并不一定能提高产量，反而会降低收益率。建议采用以下播种量：

- 玉米：20～25 千克/公顷
- 旱稻：50～60 千克/公顷
- 洋葱：4～5 千克/公顷

潜在的制约因素：播种深度不足

玉米

决定种植成功的一个主要因素是播深。为了确保深层根系接触到足够的水分和养分，玉米在中等质地土壤中的最佳播深为2～3厘米，在沙质土壤中应播得更深（5～7厘米）。

水稻

建议旱稻种植深度为2～4厘米。

潜在的制约因素：土地平整度差

土地平整对于改善农田灌溉管理至关重要。它能提高灌溉水分配的均匀性和应用效率。总的来说，适当的土地平整可以提高农田的总体水分生产率（图3-18）。

建议所有农户定期进行土地平整（每2到4年）。建议采用两种土地平整方法：第一种方法是提供足够的坡度，根据供水实践进行调整；第二种方法是在根据田间情况调整施水的同时将田地平整到最佳状态，将动土降到最低。第二种方法更适合 Mubuku 区的条件。虽然第一种方法可能会使田地的大部分区域没有肥沃的表土，但后一种方法有经济上的考虑。农户应该观察并确定田地中高点和低点的位置，将土壤从高点移到低点。理想情况下，应该用重型机器（拖拉机）进行，但也可以人工操作（用锄头或栅栏）。

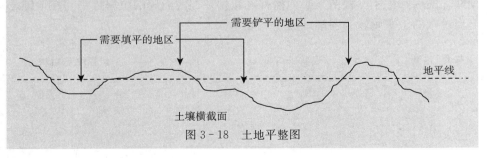

图3-18　土地平整图

潜在的制约因素：不适当的垄沟尺寸

适当的垄沟尺寸对于均匀分配水资源和控制杂草非常重要（图3-19）。与平整土地一起进行，可提高灌溉的均匀性。

在轻质土壤中，如渗透能力强的沙质土壤，宜采用窄而深的 V 形沟，以减少易渗水表面。在重质土壤中，如入渗能力低的黏土，需要宽而浅的沟，以获得大的湿润面积，促进入渗。

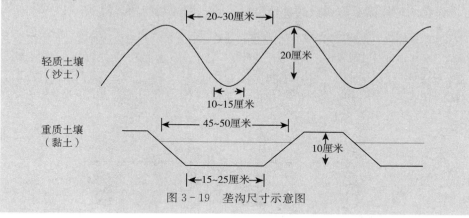

图 3-19　垄沟尺寸示意图

管理实践

潜在的制约因素：沟渠的维护不当

应定期对第四级的输送基础设施进行适当维护。状况不佳和维护不善会导致水的大量流失以及农田用水量不足（图 3-20）。

应该对第四级水渠进行修复和重新铺设来保持其原有的尺寸（宽 60 厘米，深 30 厘米；底部坡度应保持 0.05% 的坡度），并通过压实土壤来改善水的输送效果。

图 3-20　水渠修复示意图

潜在的制约因素：不合适的作物轮作

合适的作物轮作是产量的决定因素之一。轮作可以提高土壤肥力，并对虫害管理起到重要作用。因此，作物轮作有助于提高作物生产力。必须强调的是，作物的轮作需要与农户的种植目标一致，如盈利问题（图 3–21）。

尽管谷物（玉米和水稻）对经济发展很重要，而且种植户与合作社签订了种植合同，谷物也应该与其他作物，如洋葱或豆类进行轮作。这样可以同时提高经济和环境效益。轮作可以采用在种植玉米之前种植豆类，从而提高土壤肥力和进行杂草管理。洋葱应该在玉米之后种植用以充分吸收利用残余肥料。建议采用以下轮作方式以提高生产力和水分生产率（图 3–18）。

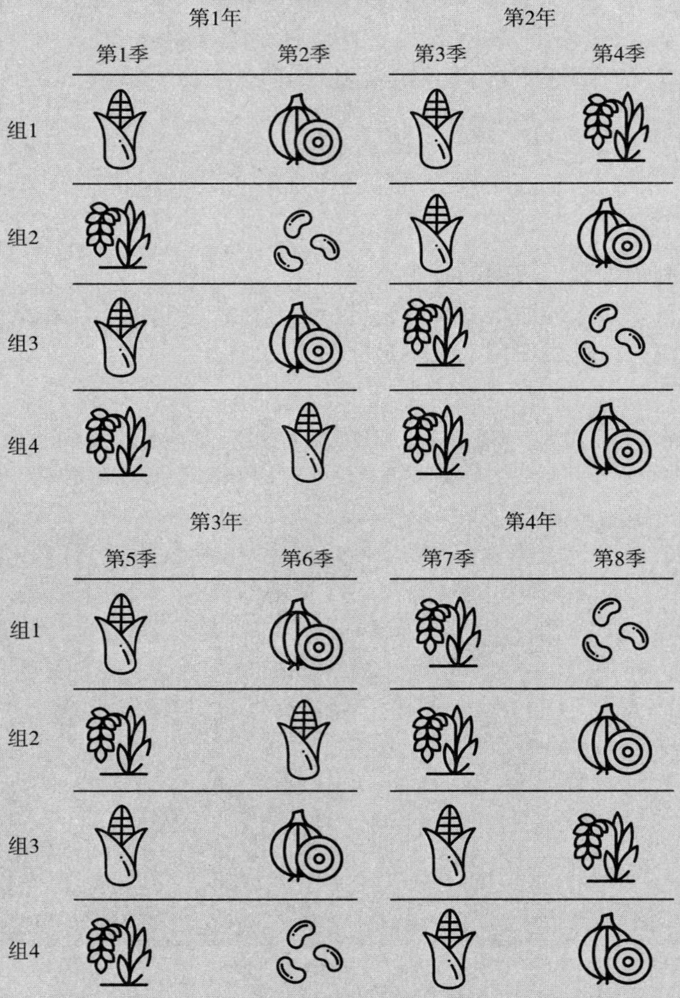

图 3–21　作物轮作示意图

潜在的制约因素：用水实践不足

虹吸管是一种可以更好地控制沟渠排放流量的有效工具，它们可以减少地表径流以及土壤侵蚀的问题。同时，虹吸管可以减少灌溉时间，从而为需要较短灌溉间隔的作物提高其灌溉频率。此外，虹吸管使用方便，并且与其他灌溉技术相比劳动强度更低。然而，这种农田灌溉方法需要培训（图3-22）。

虹吸管是控制灌溉水从田间沟渠流向犁沟的有效工具。以下建议有助于种植户适当地应用虹吸管：

- 所有虹吸管每次输送的水量必须相同；因此，需要调整虹吸管的数量以保持排水沟内水位恒定。
- 沟渠中的水深应高于平整的地面10~15厘米左右，以保持良好的虹吸水头。
- 所有虹吸管应与田间沟渠垂直放置，以避免某些虹吸管会优先吸水。

图3-22 虹吸管示意图

潜在的制约因素：严格的灌溉时间

灌溉制度应与作物的需水量相匹配，而不是制定机械性的灌溉计划。灌溉制度尤其需要涵盖作物的关键生长期。必须在作物生长敏感期，如开花期时保证充足的供水，避免作物遭遇水胁迫（图3-23）。

潜在的制约因素：排水不充分

排水沟应在种植季中得到适当维护，特别是与总排水系统相连接的部分。由于黏重土壤的田地容易产生内涝，进而对作物生产形成不利的影响，因此对于该农田而言维持良好的排水系统至关重要（图3-24）。

在穆布库（Mubuku）区的灌溉基地，季节性降雨占玉米和水稻作物需水量的一半以上。因此，目前的灌溉供应（即灌溉频率、排放量和持续时间）足以满足作物用水需求。在这两种作物的开花期和籽粒灌浆期，尤其需要保证灌溉水供应充足。

就洋葱而言，有必要在目前的基础上增加灌溉频率，以确保每周灌溉一次。这是由于洋葱在旱季种植，而且根系较浅。因此，建议种植户增加洋葱的灌溉频率，特别是在鳞茎形成阶段。

灌溉频率	关键时期
目前	开花期和灌浆期
目前	开花期和灌浆期
每周一次	鳞茎形成期

图 3-23　灌溉周期示意图

多余的水应通过犁沟输送到田间下游的排水沟中。尽管如此，在某些情况下犁沟不足以输送水，因此需要另外挖掘平行的田间排水沟以利于排水。沟渠的横截面可以是梯形或 V 形，深度为 30~60 厘米，最大边坡为 1：1.5。此外，应定期维护排水沟、水渠及其连接处，避免植物和沉积物的堵塞。

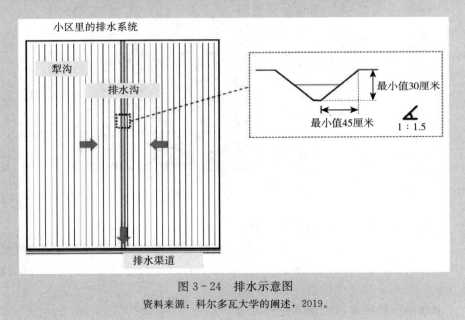

图 3-24　排水示意图

资料来源：科尔多瓦大学的阐述，2019。

潜在的制约因素：有限的养分供应

养分的供应不足往往限制了该地区的作物产量。在正确的时间施用正确的养分是优化产量的一个关键因素。强烈建议在生长季节分次对质地较粗的土壤施用氮肥，以便在为作物提供充足氮素的同时减少氮素流失对经济和环境的影响。推荐的肥料数量根据当地市场上的配方进行了调整。

玉米

对于玉米，建议采用分次施肥（图 3 – 25）：

• 播种时：磷酸二铵（DAP）：125 千克/公顷＋硝酸钙铵（CAN）：100 千克/公顷

• 过膝高度时：尿素：140 千克/公顷＋硫酸钾：82 千克/公顷

• 抽雄阶段：尿素：105 千克/公顷

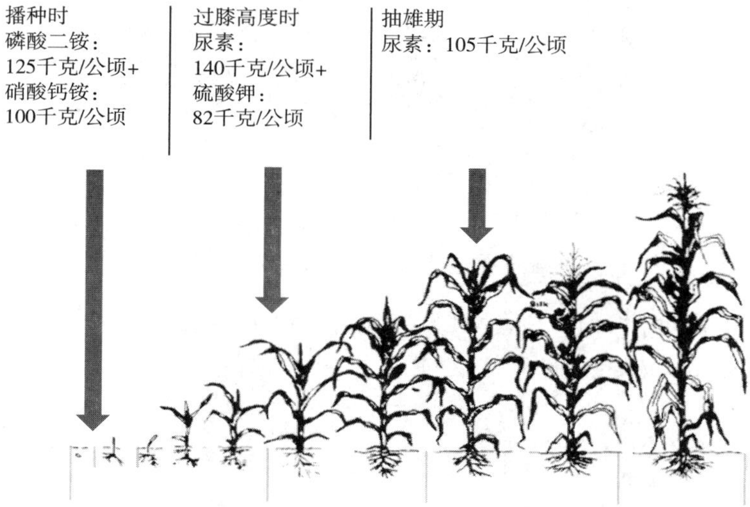

图 3 – 25　玉米施肥示意图

资料来源：科尔多瓦大学的阐述，2019。

水稻

对于水稻，建议采用分次施肥（图 3 – 26）：

• 移栽时：磷酸二铵（DAP）：115 千克/公顷＋硝酸钙铵（CAN）：63 千克/公顷

• 分蘖期：尿素：108 千克/公顷＋硫酸钾：80 千克/公顷

• 穗分化：尿素：80 千克/公顷

洋葱

对于洋葱，建议采用分次施肥（图 3 – 27）：

• 移栽时：磷酸二铵（DAP）：98 千克/公顷＋硝酸钙铵（CAN）：105 千克/公顷

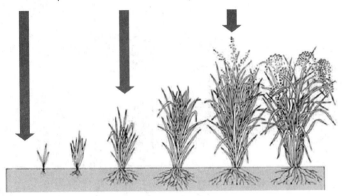

移栽期
磷酸二铵：
115千克/公顷+
硝酸钙铵：
63千克/公顷

分蘖期
尿素：
108千克/公顷+
硫酸钾：
80千克/公顷

穗分化期
尿素：80千克/公顷

图 3 - 26   水稻施肥示意图

资料来源：科尔多瓦大学的阐述，2019。

- 第一片生长叶落叶时：尿素：130 千克/公顷＋硫酸钾：50 千克/公顷
- 鳞茎发育期：尿素：98 千克/公顷

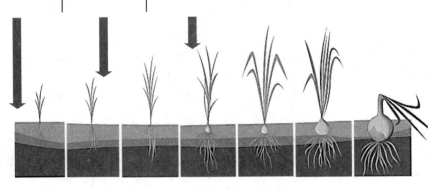

移栽期
磷酸二铵：
98千克/公顷+
硝酸钙铵：
105千克/公顷

第一片叶落叶
尿素：
130千克/公顷 +
硫酸钾：
50千克/公顷

鳞茎发育期
尿素：98千克/公顷

图 3 - 27   洋葱施肥示意图

资料来源：科尔多瓦大学的阐述，2019。

潜在的制约因素：微量元素的缺失

尽管植物对微量元素的需求量低，但若微量元素缺乏，植物的关键功能将会受限。微量元素的缺乏可以通过观察作物的症状来检测。一旦发现作物某些症状缺失，应即时进行叶面喷施补充微量元素，这种方法可以降低昂贵材料的使用率。

一些微量元素缺乏的症状

- 缺镁（Mg）：叶片（先是老叶）的叶脉呈橙色至黄色。叶片整体颜色偏淡，叶片有斑驳的绿色。
- 缺锌（Zn）：叶子和秆变软且下垂，从新叶嫩叶开始变化。植株矮小，分蘖力差。
- 缺硫（S）：叶子呈浅绿色，叶色苍白。植株上部分的幼叶新叶先发黄。植株矮小，分蘖减少，迟熟。
- 缺钙（Ca）：叶片出现黄色坏死分叉或叶尖开始卷曲（从新叶幼叶开始变化）。
- 缺铁（Fe）：新生叶的叶脉间变黄（从新叶幼叶开始变化）。
- 缺锰（Mn）：幼叶顶端的叶脉变成浅的灰绿色。叶片出现坏死的斑点。植株较矮。
- 缺硼（B）：幼叶的叶尖发白，卷曲。如果严重的话，植株的生长点会死亡，即新叶死亡。

潜在的制约因素：有限的杂草控制

应在作物生长的关键阶段进行适当的杂草控制，方法是将人工除草与施用除草剂相结合来对不同类型的杂草进行防控。除草最关键的时期是从作物生长的前期直到作物的冠层生长达到最大覆盖度。此外，应在第二次施氮之前加强杂草清除，以尽量减少因杂草侵扰导致的作物减产。

玉米

对于玉米，建议采用以下杂草防控措施（图 3-28）：

- 苗前除草剂。
- 在 3 至 5 叶期第一次人工除草。
- 抽雄前第二次人工除草。

水稻

对于水稻，建议采用以下杂草防控措施（图 3-29）：

- 苗前除草剂。
- 分蘖期第一次人工除草。
- 抽穗前第二次人工除草。

洋葱

对于洋葱，建议采用以下杂草防控措施（图 3-30）：

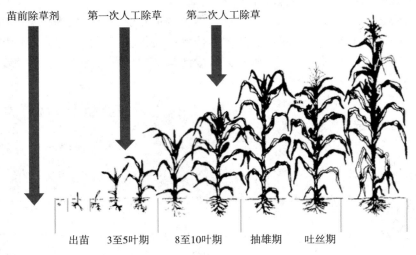

图 3-28 玉米杂草控制示意图

资料来源：科尔多瓦大学，2019。

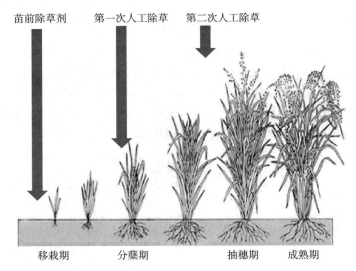

图 3-29 水稻杂草控制示意图

资料来源：科尔多瓦大学，2019。

- 苗前除草剂。
- 真叶期第一次人工除草。
- 鳞茎形成前第二次人工除草。

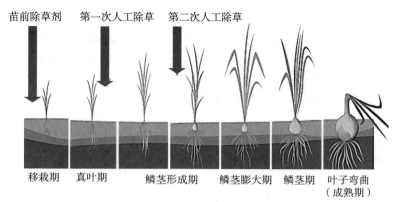

苗前除草剂　　第一次人工除草　　第二次人工除草

移栽期　　真叶期　　鳞茎形成期　　鳞茎膨大期　　鳞茎期　　叶子弯曲（成熟期）

图 3 - 30　洋葱杂草控制示意图

资料来源：科尔多瓦大学，2019。

潜在的制约因素：杀虫剂使用不当

为有效控制病虫害，有时需要施用杀虫剂。此外，应着重注意作物最关键的物候期，以避免出现虫害和症状。

实施良好实践方法的结果

经过一个阶段的诊断和比较分析（基准测试），通过 AquaCrop 模型评估了水分生产率收益。改进计划是在示范田里实施的，以达到有效的宣传作用。实施改进计划后得到的产量、用水量和水分生产率用于最后的分析。结果显示，洋葱和玉米的生产量有了很大提高。然而，水稻地块的示范种植在实施时面临了重大困难。与贸易有关的虫害对该地区的水稻种植造成了重大的损害，导致了减产。

种植后两周左右应开始定期检查，每周都检查已发芽的植株是否有病虫害迹象，并在必要时采取防治措施。在植株周围、植株上以及茎和根周围的土壤中寻找昆虫；在田间寻找死去、垂死和躺落的植株。

为了可持续地管理病虫害，施用杀虫剂需要辅以其他措施，如：

·在播种前几周进行深耕。

·对水稻地块进行约两周的泡田以清除杂草。

·在雨季开始时提早种植。

·用杀真菌剂处理种子。

·通过适当施肥改善土壤条件。

·适当除草。

·如果发生了严重的病虫害，则需要进行残茬管理（清除所有的作物残茬、焚烧、耕作和收获后进行灌水处理）。

© Margarita Garcia-Vila

作物水分生产率

玉米的作物水分生产率从 6.7［千克/（公顷·毫米）］提高到 13.5［千克/（公顷·毫米）］，洋葱的作物水分生产率从 31.7［千克/（公顷·毫米）］提高到 139［千克/（公顷·毫米）］（图 3-31）。

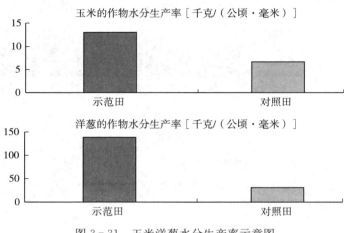

图 3-31　玉米洋葱水分生产率示意图
资料来源：联合国粮农组织的阐述，2019。

用水量

玉米和洋葱使用的灌溉水量显著减少了。改进计划使玉米地块节水达 221 毫米，洋葱地块节水达 170 毫米（图 3-32）。

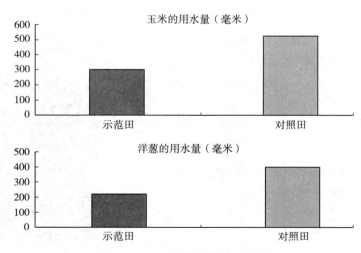

图 3-32　玉米洋葱用水量示意图
资料来源：联合国粮农组织的阐述，2019。

产量

改进计划使玉米和洋葱的产量都有了明显的提高，玉米的产量提高了 0.5 吨/公顷，洋葱的产量提高了 12.9 吨/公顷。该改进计划对资源效率和生产力都有积极影响（图 3-33）。这样的结果符合效率和社会经济目标，以支持种植户改造农业的努力。

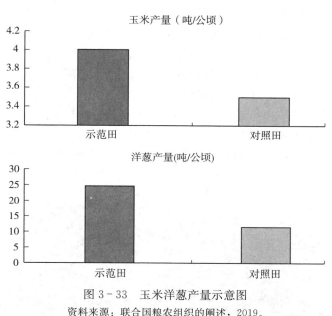

图 3-33 玉米洋葱产量示意图
资料来源：联合国粮农组织的阐述，2019。

3.3 在摩洛哥 Al-Haouz 的 R3 区提高作物水分生产率的最佳做法

摩洛哥正经历着严重的干旱，因此造成水资源短缺。这种水资源短缺的情况在 2017 年变得更加严重，因为当时为了优先考虑其他部门的用水而停止了农业灌溉。几乎整个 R3 区的面积（约 85%）都在进行地表灌溉（边界灌溉）。在过去几年中，为了提高农场层面的用水效率（摩洛哥绿色计划；Plan Maroc Vert-Green Morocco Plan），政府为现代化灌溉提供了补贴，使得滴灌方法得以被引入。尽管在生长季节改变灌溉方式有一定的灵活性（例如，生产谷物种子的农场可以优先用水），但对于使用滴灌系统的种植户来说，供水服务的灵活性有限。再加上干旱时期大气的需水量也是最大的时候，高需水作物需要进行高频率的灌溉。在这种情况下，种植户会寻求替代水源如地下水资源来满足灌溉需求。因此，R3 区的地下水资源正面临高压，其地下水位每年下降约

1 米。通过正确的灌溉和农业实践来提高作物的水分生产率是避免水资源浪费或产量亏损的关键战略措施。

分析涉及橄榄实验。橄榄是该地区生产最多的经济作物，占灌溉面积的 78%。作为"摩洛哥绿色计划"中设想的农业政策的一部分，摩洛哥的橄榄树种植面积在 2016 年达到了 100 万公顷的目标。该国约有 35% 的橄榄树面积得到了灌溉，其中超过 90% 的面积使用的传统漫灌。无论是在摩洛哥还是在地中海地区，橄榄行业现在表现为上升趋势，其结果必然导致种植户会通过集约型或超集约型的生产系统来增加产量。这些新的生产系统也与滴灌系统的扩展有关。尽管在集约化方面做出了巨大努力，但与雨养作物管理知识有关的传统概念阻碍了种植户采用可持续的灌溉管理方法。然而，高效高产的水资源管理在严重缺水的地区是非常重要的。橄榄种植者没有充分利用灌溉的所有潜在优势；因此，有许多机会可以提高农田的水分生产率。许多提高水分生产率的途径都与农场灌溉管理直接相关。还有一些水资源以外的因素（施肥、植物保护、修剪等）也对水分生产率和种植户的生计有很大影响。

图 3-34　摩洛哥 Al Haouz 的 R3 区的树冠体积测量图

该地区的气候为地中海半干旱气候，年平均降水量约为 250 毫米，而蒸散量需求约为 1 500 毫米/年。橄榄园的作物蒸散量（ETc）变化很大，范围在 500～900 毫米之间。橄榄的作物蒸散量取决于几个因素。作为作物蒸散量的第一种近似值，特别是对于地表灌溉的果园而言，可以用参考蒸散量（ETo）、作物系数（Kc）和经验系数（Kr）来计算不完全覆盖的橄榄果园的蒸散量。根据在该地区进行的测量，平均树冠覆盖率为45%，则该地区的减少系数 Kr 为0.9（图3-34）。表3-5通过以月度蒸散量数据、有效降水量和当地橄榄经验系数 Kc 为基础，总结了橄榄月度净灌溉需求。

表3-5 摩洛哥 Al Haouz-R3 区橄榄的作物需水量

月份	参考作物蒸散量 （毫米/月）	作物 系数	经验 系数	作物蒸散量 （毫米/月）	有效降水量 （毫米/月）	净灌溉需求量 （毫米/月）
1 月	56.4	0.55	0.90	27.9	43.9	0.0
2 月	68.6	0.55	0.90	34.0	14.6	19.4
3 月	110.4	0.65	0.90	64.6	40.9	23.7
4 月	130.2	0.65	0.90	76.2	19.7	56.4
5 月	158.1	0.65	0.90	92.5	27.2	65.3
6 月	175.2	0.55	0.90	86.7	0.0	86.7
7 月	217.3	0.55	0.90	107.6	0.0	107.6
8 月	210.8	0.55	0.90	104.3	0.0	104.3
9 月	153.6	0.65	0.90	89.9	11.8	78.0
10 月	110.4	0.65	0.90	64.6	6.9	57.7
11 月	67.8	0.65	0.90	39.7	61.1	0.0
12 月	54.6	0.55	0.90	27.0	20.4	6.6
总计	1 513			815	247	606

通过对在 Al Haouz-R3 区灌溉计划中得到的结果进行诊断、基准测试和示范检验。本《实地指南》为提高橄榄园水分生产率提供了农业实践方法，包括传统（地表灌溉）和集约型（滴灌）系统。

诊断

准备

潜在的制约因素：种植边界的大小不合适

畦灌是橄榄园中最常见的传统灌溉系统。在这种系统中，土地被划分为狭窄的矩形，通常是由土堤分成的长条形或边界。供水渠通常安排在边界的上端，而排水渠则安排在下端。水沿边界流动，在供水沟中形成一个薄水层并在前进过程中逐渐渗入周围的土壤中。适宜的灌溉供应取决于边界的尺寸，这与土壤特性（渗透特性）有关。对于坡度为0.3%的边界，建议采用以下尺寸（表3-6）：

表 3-6   橄榄园畦灌的尺寸

土壤类型	宽（米）	长（米）
沙土	10～12	50～80
壤土	10～15	100～200
黏土	10～15	150～300

畦灌的高效运行取决于两个决定性因素：排水量和持续时间。排水量低于要求，会导致田间渠道附近出现深层渗漏损失，尤其是在沙质土壤上。相反，如果排水量大于要求，则沿边界会产生径流，同时水流过快地到达边界的末端而没有充分湿润根部区域。此外，大排量会导致土壤侵蚀。水流动的持续时间对于达到足够的浸润深度尤为重要（图 3-35）。

图 3-35   R3 区的畦灌评估

何时关闭水流是另一个关键的操作因素。如果水流停止得太早，边界中可能没有足够的水来完成远端的灌溉。如果流水时间过长，水可能会从边界末端流走，在排水系统中流失（联合国粮农组织，1998）。对流水时长的控制没有具体的规则。但是，作为指导原则，可以根据土壤类型，按以下方式停止边界中的水流（图 3-36）：

• 在黏土上，当灌溉水覆盖 60％的边界时，应停止灌水。
• 在壤土上，当水覆盖边界的 70％～80％时，应停止灌水。
• 在沙土上，灌溉水必须覆盖整个边界才能停止灌水。

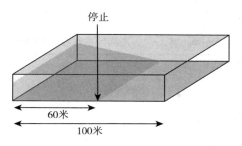

图 3 - 36　黏土中畦灌的灌溉时间

资料来源：联合国粮农组织的阐述，2019。

> Al Haouz - R3 区灌溉基地中的土壤为粉砂壤土，最佳灌溉操作规则是当 90% 的边界被水覆盖时停止灌水。这将确保更高的用水效率以及水分布的均匀性。

潜在的制约因素：滴灌设施维护不力

局部灌溉，如滴灌，可以完全根据需水量调整供水量和控制流量（Fereres 等，1982）。局部灌溉的主要问题之一是因滴头堵塞而造成灌溉均匀度下降，从而导致树木发育不均匀，最终会导致产量和水分生产率下降。因此，防止滴头（即阻碍水流的有机颗粒、矿物质和盐分的沉积物）的堵塞和其他非常小的进水部分元件（如过滤系统）的堵塞非常重要。通常情况下，当检测到有堵塞发生时堵塞的情况已经非常严重了。在这种情况下，清洗滴头和管道可能会非常昂贵，并且对作物的损害有可能是不可逆转的。因此，在每个灌溉季节前用特定剂量的酸、氯或清洁剂清理设施来防止堵塞尤为重要（图 3 - 37）。

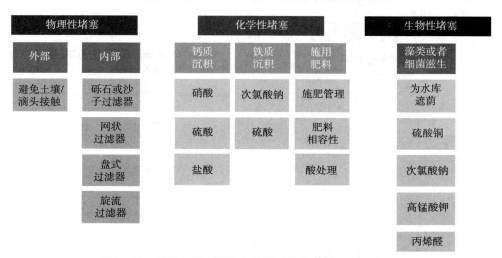

图 3 - 37　堵塞类型：预防和处理（改编自 IFAPA，2010）

进一步维护有助于最大限度地提高滴灌系统的效益和寿命（表3-7）：

表3-7　滴灌设备维护

过滤设备

灌溉季节前	灌溉季节中	灌溉季节后
检查内部部件：沙子、网眼和圆盘，检查其保存状态，必要时进行更换。如果需要，过滤器的外部也将涂漆。	每两天一次： 确保过滤设备和控制阀正常运行。 通过读取过滤器入口和出口处的压力表检查是否有必要清洗过滤器，以及那些有自动清洗功能的过滤器。	清洗和排干过滤设备。
检查过滤系统，包括自动控制系统（如果存在）。		检查过滤器和水力旋流器的内部，检查是否有损坏的迹象（腐蚀、磨损等）。
在沙滤器中，检查沙子的水平和污垢程度。	每月一次： 取下沙子过滤器的盖子，检查其中沙子的水平和污垢程度。如果需要频繁地清洁沙子，则需要更换该过滤器。 检查调节清洁电路的阀门是否调整到正确模式。 检查系统连接处的泄漏情况。 根据制造商的建议对阀门进行维护。 如有自动控制系统，审查该系统部件。	正确维护阀门。
在盘式过滤器中，检查它们是否都是相同的颜色。		带有自动清洁系统的过滤器：断开设备的连接。 检查电缆和电气触点的状态。
检查过滤电路是否在过滤位置，而不是在清洗位置。		
带有自动清洁系统的过滤器：确保电气连接的清洁和紧密。确认电气触点无腐蚀、无污垢、无灰尘、无磨损。		

灌溉网络的维护

灌溉季节前	灌溉季节中	灌溉季节后
打开管道末端，让水循环消除可能造成堵塞的因素。	频繁检查渗漏情况，如有渗漏应及时维修。 大约每月一次，测量均匀度（至少检查水流量）。	更换在灌溉季节中经常出现渗漏或破损问题的接头、元件或管片。
将灌溉网络正常运行，检查是否有渗漏。		排干管道网络，包括支管管线。
测量均匀度系数。	目测装置是否有损坏的迹象，或是否有动物或人为破坏的迹象。 频繁检查漏水情况，如果出现漏水，要及时修理。 大约每月一次，进行均匀度测量（至少测量水流的均匀度）。	打开所有阀门。 检查腐蚀情况，向技术人员咨询可以采取的措施。 更换在灌溉季节经常出现渗漏或破损问题的接头、元件或管段。 排干管道网络，包括支管管线。

（续）

滴头的维护		
灌溉季节前	**灌溉季节中**	**灌溉季节后**
检查是否有损坏或变质的滴头，并测试滴头的均匀性。	检查系统，确认没有损坏或被腐蚀的滴头。	如有化学或生物堵塞的问题，注入大剂量的酸、氯或一些清洁剂来进行清洁。
灌溉系统运行时，目测滴头是否正常运行。	核实滴头的正确操作。	如有可能，卷起喷灌管线，存放到下一季。
用所需剂量的酸、氯或清洁剂预防或处理堵塞问题。	用所需剂量的酸、氯或清洁剂预防或处理堵塞问题。	
	进行灌溉施肥时，一定要用干净的水完成最后的灌溉，不要用水和肥料的混合物。	

潜在的制约因素：固定的灌溉计划

由于降水量减少、地下水位下降以及农业生产扩增，摩洛哥正面临严重的水资源压力。因此，灌溉计划必须考虑到水的供应往往不能满足需求。在 R3 区，每年的灌溉水量分配约为 450 毫米，而需求量约为 600 毫米。因此，需要精心设计灌溉计划以优化用水。当供水不足时，如试点案例中，唯一的选择是施用少于果园作物蒸散量（ETc）所需用水。这种策略被称为亏缺灌溉（DI）。亏缺灌溉是一种可以最大限度地提高水分生产率和收入的可行性策略。水分缺失可能会导致相当大的减产，因此，需要加强考虑橄榄树在每个特定物候期对水分胁迫的敏感性（表 3-8）。橄榄产量主要由 3 个主要的发育过程决定：坐果、果实生长和果肉中的油脂积累。然而，果树的营养生长也很重要，因为橄榄花发生于一年生木材的腋芽；因此，第二年的果实数量直接取决于上一年的营养生长量。对于橄榄栽培品种来说，橄榄果数量的减少可能无法通过增加单个橄榄的大小而得到补偿。应根据这些关键生长期对果实和油分产量的影响来分析其对水分胁迫的敏感性和它们在干旱后的恢复能力。应避免从花序发育到坐果期间遭遇水分胁迫。此外，果实最初的生长期和秋季的油脂积累期对水分缺失也很敏感。相反，夏季的果实生长期可以耐受严重的缺水（从坐果后45～60 天开始），前提是树木在油料积累期开始时能够恢复水分供应。橄榄树在晚春开花（比许多落叶树晚）；相应地其果实的生长也会推迟到夏季。夏季的摩洛哥处于缺水期，因此橄榄生长的关键阶段遭遇水分胁迫的风险会很大。尽管如此，即使经过几周的缺水，在灌溉后橄榄果实的生长也会完全恢复。然而，在果实发育过程中，温和的水分胁迫可能会对果肉与果核的比例产生积极影响，这是橄榄果实的一个重要质量特征。

表 3-8 橄榄树在不同生长阶段的缺水症状

营养生长到果实生长周期	时期	水分胁迫的影响
营养生长期	全年	花蕾和下一季的枝桠发育不良
花芽形成期	2月到4月	花朵数量减少；雌花败育
开花期	5月	可育花减少
坐果期	5月到6月	坐果减少（隔年结果增加）
果实初期生长	6月到7月	果实大小减小（果实细胞减少或数量减少）
果实生长期	8月到收获	果实大小减小（果实细胞大小减小）
油脂积累	7月到11月	果实中油分降低

资料来源：Orgaz and Fereres，2001。

在 R3 区可采用两种主要的方法来引入亏缺灌溉的策略：ⅰ）持续亏缺灌溉（SDI），即定期给橄榄树施加作物蒸散量（ETc）的部分所需用水量；ⅱ）调亏灌溉（RDI），即在缺水对生产负面影响最小的发育阶段对橄榄树实施缺水性种植。但建议在试验区采用调亏灌溉策略。调亏灌溉建议在整个生长季节内定期施加固定数量的灌溉水。在春季和秋季（关键生长时期）每次灌溉应能满足大部分的作物蒸散的需求，但在树木对水分缺失不敏感的夏季，灌溉量远远不足以满足作物蒸散的需求。这种方法对于灌溉系统的设计和管理来说是最简单的，在土壤持水量高（TAW=160 毫米/米）的情况下效果良好。另一种可能的调亏灌溉策略是从果核硬化一直到夏末对橄榄树进行缺水性种植，确保在敏感期（春季和秋季）有更好的灌溉供应（表3-9）。

表 3-9 橄榄树灌溉次数

月份	灌溉次数	
	当前实施方法	调节性亏缺灌溉方法
1月	0	0
2月	1	1
3月	1	1
4月	1	2
5月	2	2
6月	2	2
7月	2	1
8月	2	1
9月	1	2
10月	1	1
11月	0	0
12月	0	0

潜在的制约因素：不适当的施肥

橄榄树在活力较低的条件下，在不缺乏营养但低养分输入的情况下，橄榄果的结实往往更好。此外，过度施用氮肥会导致橄榄的油质下降。尽管如此，为避免养分不足，应对橄榄树施加适当的肥料。缺少氮（N）、钾（K）和硼（B）是橄榄树常见的养分缺乏症。在橄榄树的种植中很少出现其他养分物质的缺乏，但也应加以核实。

Fertilicalc 软件被用来编制 R3 区的施肥计划。一个八年的橄榄园，其间橄榄树的种植树距为 10/5 米（200 棵/公顷），其预期产量为 10 吨/公顷。有必要通过对该地块进行初步分析来了解土壤的肥力水平。分析结果显示，粉沙壤的磷含量为 14 毫克/千克，钾含量为 484 毫克/千克，有机物含量为 1.46%。因此，养分需求如表 3-10 所示：

表 3-10 橄榄树养分需求

养分需求	用量	用量
氮肥的需求	88 千克/公顷	0.44 千克/棵
五氧化二磷的需求	23 千克/公顷	0.11 千克/棵
氧化钾的需求	58 千克/公顷	0.29 千克/棵

关于施肥时刻表，整个季节要施用的氮肥、磷肥和钾肥的含量是不均匀的，因为各肥料的需求量取决于橄榄树的物候阶段（表 3-11）。

表 3-11 橄榄树施肥用量

月份	氮（N）（%）	磷（P_2O_5）（%）	钾（K_2O）（%）
4 月	9	7.5	4
5 月	22	17	10
6 月	22	17	10
7 月	21	17	21
8 月	11	17	22
9 月	10	17	22
10 月	5	7.5	11

叶面施肥应该仅被作为一种补充施肥方式。橄榄叶对营养物质的吸收并不总是有效的。从橄榄树的营养角度来看，在最重要的大量元素中氮和钾可以通过叶面施肥使其很好地被植物吸收，并且磷的吸收率也在可接受范围内。同样，必须考虑到钠（Na）和氯（Cl）也有高叶面吸收率，因为使用含高浓度氯化钠（NaCl）的水可能会导致植物根部出现中毒现象。与其他矿物元素不同，钙（Ca）和铁（Fe）被叶片吸收得很少，特别是铁的吸收率尤其低下。

因此，最好对土壤施用含这种元素的肥料以纠正养分不足的问题。

在滴灌的橄榄园中，可以通过灌溉施肥将橄榄树所需的养分物质与灌溉水一起施用。灌溉水可以将肥料输送到橄榄树的根系，使整个灌溉季节都能持续供应养分物质。

潜在的制约因素：微量元素的缺失

可以通过施肥来弥补微量元素的不足。因此，早期监测发现微量元素的缺乏尤为重要（图 3 - 38）。

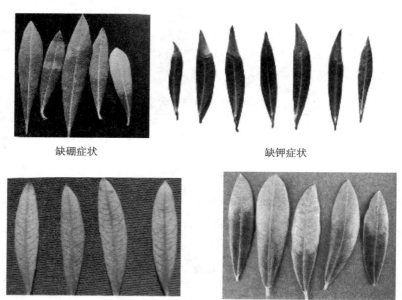

缺硼症状　　　　　　　　缺钾症状

缺铁症状　　　　　　　　缺钙症状

图 3 - 38　橄榄树微量元素缺乏症状

资料来源：Pastor，2005。

橄榄树对硼的缺乏很敏感。然而，缺硼引起的症状有可能会与缺钾引起的症状相混淆，而钾的缺乏更为常发常见，因此叶面诊断至关重要。在诊断出缺硼的情况下，可以通过在地面对每棵树施用 25～40 克的硼来进行补充。但针对 pH 较高的石灰质土壤，叶面施用浓度为 0.1％的可溶性产品则是首选。

缺铁是一种营养失衡，可影响种植在高 pH 的钙质土壤的橄榄园。受影响的树木表现出叶片黄化、树枝生长缓慢和产量降低的症状。这些症状是检测植株缺铁的唯一方法。

摩洛哥的大多数橄榄园都种植在石灰岩土壤上，因此树木可以获得大量的钙质。橄榄树对于锰、铜和锌等微量元素的需求量非常少，而且橄榄树可以很容易在土壤溶液中获得这些微量元素。

潜在的制约因素：植物保护不力

植物保护不能与农艺实践相分离，应纳入生产系统中。预防性保护措施（或间接措施）应被优先考虑。预防性措施包括所有有关树木管理和土壤管理的做法（如修剪、耕作、施肥、灌溉、杂草控制等），这些做法有助于保持农业生态系统的稳定（如植物群和辅助动物群的多样性）。监测和预测有害种群并确定其危害阈值是另外一个重要因素，这也定义了一套直接管理措施。评估种群水平的方法包括：使用不同类型的昆虫诱捕器和采集植物器官样本（根、芽、茎、叶、花、果实等）和现场检查。只有在种群水平达到危害阈值时才会对该物种进行直接控制。因此，只有在预防措施不充分的情况下才会最终使用杀虫剂（表3－12）。

表3－12　橄榄树病虫害预防措施

病虫害及其重要性（＊＊＊）	监测和预测方法	干预阈值	推荐的管理方法		
			种植方式	化学处理	处理时期
橄榄叶斑病＊＊＊	每棵树查20片叶子是否受到感染，共查20棵树。	5％叶片发病。	适当修剪以促进树冠的通风。减少氮肥施入，避免钾的缺乏。	波尔多液或铜制剂。	在秋天和春天的第一场雨之前。
煤烟病＊＊	检查是否存在刺吸类昆虫（煤污、木虱）。	10％叶片发病或每叶有5到10只幼虫（若虫）。	适当修剪以促进树冠的通风。	矿物油或铜制剂。	2月底，3月。
黄萎病＊	直接观察。	当出现第一个萎蔫症状时。	使用抗病品种。避免过度施肥。除虫工具。拔除焚毁发病树木。	—	—
橄榄实蝇＊＊＊	统计诱捕器中的成虫数量。	平均每天每诱捕器中有一个成虫。	深翻灭蛹。秋季感染时提早收获。	诱饵治疗，成虫诱捕。	从6月到9月（至少收获前一个月）。

（续）

病虫害及其 重要性（***）	监测和预测方法	干预阈值	推荐的管理方法		
			种植方式	化学处理	处理时期
橄榄蛾**	每棵树用漏斗诱捕法查20片叶子是否受到为害，共查10棵树。	当5%的花蕾受害或20%果实受害。	耕作土壤以减少第二代的产生。 在冬季进行修剪以减少幼虫数量。	苏云金芽孢杆菌（微生物控制），拟除虫菊酯，乐果。	5%开花期
橄榄星室木虱**	每棵树查10个枝条是否受到感染，共查10棵树。	每个花簇上有大于10个幼虫（若虫）。	适当修剪以促进树冠的通风。	喷洒乐果、溴氰菊酯。	3月初，4月

目前，在研究地区几乎没有任何植物保护。对于该地区最常见的病虫害，如橄榄叶斑病、橄榄实蝇和橄榄星室木虱，建议先采取预防措施，如有必要然后再进行直接防治。未来，伴随着高灌溉频率（滴灌）的超密集型种植系统的扩展，预计黄萎病将成为一种高发疾病。

潜在的制约因素：修剪操作不当

修剪是最重要的作物生长技术之一，因为它可以影响众多生产因素。通过修剪可达到不同的目的，例如缩小非生产期，提高生产能力、减少病虫害发生率、减少收获成本等。这些目标应根据若干因素确定优先次序，如种植类型、植物材料和物理环境的特点、收获的目的地、技术准备等。相应地，存在不同类型的整枝和修剪方式（为果实生产而修剪和复壮修剪），这可以为橄榄园达到最大生产力提供及时的支持。

摩洛哥已经提出了高密度的种植系统，使用的高产品种限制了植株的营养生长。然而，高密度种植的橄榄园会产生一些潜在的问题。修剪除了有更新枝条和提高产量的好处外，还可以减少冠层密闭遮阳的风险，并清除下层生产力低下的枝条以便消除其对除草剂施用造成的妨碍。在这种类型的种植园中，通常需要在第三年后进行修剪。基本规则为：

• 每年收获后进行一次修剪。
• 避免在温度低的时期进行修剪。
• 提供状况良好的设备（修枝剪、修枝锯等）。
• 在直径超过3厘米的伤口上涂抹密封或愈合产品。
• 避免通过修剪工具传播疾病。在对病树进行操作后，必须对工具进行消毒（用酒精烧灼）。建议最后对这些感染的树木进行修剪。

• 务必使修剪的伤口干净、柔软、略微倾斜。

潜在的制约因素：缺少特殊的修剪方法

种植户往往不遵循特殊的做法，尽管这些做法在生产力、维护、收获和长期植物健康方面有很大好处。

整枝的目的是创造一个能够支持收获重量的树木结构，使主要枝条有一个良好的生长方向和位置以便其可以截获光线。并且这种树木结构可以随着时间的推移进行长期的维持。起初，不进行剪枝或修剪，有利于树冠形成球形。最后，应选择三个主枝留下。对于稍早熟品种而言，主枝的倾斜度约为45°，而对于非常早熟的品种而言主枝的倾斜度应几乎为60°。种植园的第一批枝条总是比更新后的枝条产量高，此外，这些第一批枝条同时具有更优越的生产期。

一旦树木获得了与农艺条件（即气候、土壤和灌溉条件）相适应的树冠体积，就建议对果实生产进行修剪，即保持树冠的体积间隔，便于枝条采光和采收。修剪干预措施应仅限于消除内部徒长枝和位置不好的二次枝。应尽可能避免过度修剪成球形形状，而应修成带有突出枝条的叶形来扩大辐射截获面。修剪可以在调节隔年结果并达到平均恒产的同时优化产量。但是，修剪应仅限于在必要的情况下进行。可以在夏季进行手动消除树干基部徒长枝，使用适当的工具确保不会对树干产生重大损害。

当种植园超过一定年限时，其生产能力就会下降。症状很明显：枝条停止生长，叶子发黄，木材的树皮老化，徒长枝生长明显。这些症状表明该枝条已经枯竭，需要用另一个枝条来替代。复壮修剪包括从与树干结合处修剪主要枝干，并用树干上由休眠芽发展的其他枝条进行替代，这些休眠芽直到经过阳光直接照射才会发芽。移除枝条后，新芽就在修剪口的下方出现。在第一年和第二年，应选择更有活力和位置更好的枝条。在复壮修剪中，切口通常具有较大的直径，这将延迟伤口的愈合。在这种情况下，强烈建议使用密封剂或愈合产品对伤口进行消毒，避免晒伤。

参考文献
REFERENCES

Allen, R. G., Pereira, L. S., Raes, D., Smith, M. 1998. *Crop evapotranspiration. Guidelines for computing crop water requirements*. FAO Irrigation and Drainage Paper No 56. FAO, Rome.

Bastiaanssen, W. G. M; Steduto, P. 2016. The water productivity score (WPS) at global and regional level: Methodology and first results from remote sensing measurements of wheat, rice and maize. *Science of the Total Environment*. 575. P. 595 – 611.

Bouman, B. A. M. 2007. A conceptual framework for the improvement of crop water productivity at different spatial scales. *Agricultural Systems* (93). p. 43 – 60.

Brouwer, C., Prins, K., Kay, M., & Heibloem, M. 1988. *Irrigation water management: irrigation methods*. Training manual no. 5. FAO, Rome.

FAO AQUASTAT (online source) http://www.fao.org/aquastat/en/

FAO, IFAD, UNICEF, WFP & WHO. 2019. *The State of Food Security and Nutrition in the World: Safeguarding against economic and slowdowns and downturns*. The State of the Word series. ISBN 978 – 92 – 5 – 131570 – 5. Rome. p. 191.

FAO. 1995. *Irrigation scheduling: From Theory to Practice – Proceedings of the ICID/FAO Workshop on Irrigation Scheduling. Theme 2: Inter – Relationships Between On – Farm Irrigation Systems and Irrigation Scheduling Methods: Performance, Profitability and Environmental Aspects*. Rome.

FAO. 2018. *The future of food and agriculture – Alternative pathways to 2050*. ISBN 978 – 92 – 5 – 130158 – 6. Rome. P. 224.

Fereres, E., Martinich, D. A., Aldrich, T. M., Castel, J. R., Holzapfel, E. & Schulbach, H. 1982. Drip irrigation saves money in young almond orchards. *California Agriculture vol.* 36, no 9, p. 12 – 13.

Grassini, P., Yang, H., Irmak, S., Thorburn, J., Burr, C., Cassman, K. G. 2011. High – yield irrigated maize in the Western U. S. Corn Belt. II. Irrigation management and crop water productivity. *Field Crops Res.*, 120: 133 – 141.

IFAPA. 2010a. *Manual de riego para agricultores. Riego localizado*. Servicio de Publicaciones y Divulgación de la Junta de Andalucía. Sevilla.

IFAPA. 2010b. *Manual de riego para agricultores. Riego por superficie*. Servicio de Publicaciones y Divulgación de la Junta de Andalucía. Sevilla.

Ittersum, M. K. van, Cassman, K. G., Grassini, P., Wolf, J., Tittonell, P., Hochman, Z.

2013. Yield gap analysis with local to global relevance—A review. in *Field Crops Research*. 143: 4 – 17.

Kijne, J. W. , Balaghi, R. , Duffy, P. , Jlibene. 2003. *Unlocking the Water Potential of Agriculture* M. 978 – 92 – 5 – 104911 – 2. Rome. p59.

Lipton, M. 2005. *The Family Farm in a Globalizing World – The role of crop science in alleviating poverty.* 2020 Discussion Paper 40. International Food Policy Research Institute 2020. Washington. P. 29.

Lorite, I. J. Santos, C. , García – Vila, M. , Carmona, M. A. , Fereres, E. 2013. *Assessing Irrigation Scheme Water Use and Farmers' Performance using Wireless Telemetry Systems in Computers and Electronics in Agriculture*, 98: 193 – 204.

Molden, D. , Oweis, T. Y. , Pasquale, S. , Kijne, J. W. , Hanjra, M. A. , Bindraban, P. S. 2007. *Pathways for increasing agricultural water productivity* (No. 612 – 2016 – 40552).

Moyo, M. , van Rooyen, A. F. , Chivenge, P. , & Bjornlund, H. 2017. *Irrigation development in Zimbabwe: understanding productivity barriers and opportunities at Mkoba and Silalatshani irrigation schemes in International Journal of Water Resources Development*, vol. 33, no. 5: The productivity and profitability of small scale communal irrigation schemes in South – eastern Africa, pp. https: //doi. org/10. 1080/07900627. 2016. 1175339, p. 750.

Orgaz, F. and Fereres, E. 2001. *Irrigation, in: El cultivo del olivo. Barranco, D. , Fernández – Escobar, R. and Rallo, L.* 4th edition. Ed. Mundi – Prensa. Madrid.

Pastor Muñoz – Cobo, M. 2005. *Cultivo del olivo con riego localizado.* Co – edition Consejería de Agricultura y Pesca de la Junta de Andalucía and Ediciones Mundi – Prensa. Madrid.

Raes, D. 2015. *Book I. Understanding AquaCrop. Book I.* AquaCrop training handbooks, FAO, Rome.

Raes, D. , Steduto, P. , Hsiao, T. C. , Fereres, E. 2012a. *AquaCrop Reference Manual, AquaCrop version* 4. 0. Chapter 3. Calculation procedures. FAO, Rome.

Raes, D. , Steduto, P. , Hsiao, T. C. , Fereres, E. 2012b. *AquaCrop Reference Manual, AquaCrop version* 4. 0. Chapter 2. Users guide. FAO, Rome.

Saxton, K. E. , Rawls, W. J. 2006. *Soil water characteristic estimates by texture and organic matter for hydrologic solutions.* Soil Science Society of America Journal 70, 1569 – 157.

Steduto, P. , Raes, D. , Theodore Hsiao, C. , Fereres, E. , Heng, L. K. , Hower, T. A. , Evett, S. R. , Rojas – Lara, B. A. , Farahani, H. J. , Izzi, G. , Oweis, T. Y. , Wani, S. P. , Hoogeveen, J. , Geerts, S. 2009. *Concepts and Applications of AquaCrop: The FAO Crop Water Productivity Model in Crop Modelling and Decision Support.* By Cao, W. ; White, J. W. ; Wang, E. pp. 175 – 191.

Steduto, P. ; Hsiao, T. C. ; Fereres, E. ; Raes, D. 2012. *Crop yield response to water* in FAO Irrigation and Drainage Paper 66 ISBN 978 – 92 – 5 – 107274 – 5. Rome. p. 498.

Walker, W. R. 1998. *Guidelines for designing and evaluating surface irrigation systems* in FAO Irrigation and Drainage Paper 45, Rome.

图书在版编目（CIP）数据

提高小规模农业中水分生产率的实地指南：布基纳法索、摩洛哥和乌干达的案例解析 / 联合国粮食及农业组织编著；冯晨等译. —北京：中国农业出版社，2022.12

（FAO中文出版计划项目丛书）

ISBN 978-7-109-30018-7

Ⅰ.①提… Ⅱ.①意… ②冯… Ⅲ.①农业技术－水资源利用－指南 Ⅳ.①TV213.4-62

中国版本图书馆 CIP 数据核字（2022）第 169833 号

著作权合同登记号：图字 01－2022－4000 号

提高小规模农业中水分生产率的实地指南

TIGAO XIAOGUIMO NONGYE ZHONG SHUIFEN SHENGCHANLÜ DE SHIDI ZHINAN

中国农业出版社出版

地址：北京市朝阳区麦子店街 18 号楼

邮编：100125

责任编辑：王秀田

版式设计：王　晨　　责任校对：吴丽婷

印刷：北京中兴印刷有限公司

版次：2022 年 12 月第 1 版

印次：2022 年 12 月北京第 1 次印刷

发行：新华书店北京发行所

开本：700mm×1000mm　1/16

印张：5.25

字数：100 千字

定价：68.00 元